**Berichte aus dem
Institut für Umformtechnik
der Universität Stuttgart**

Herausgeber: Prof. Dr.-Ing. K. Lange

56

Vladimir V. Hasek

Möglichkeiten zur Steuerung des Stoffflusses beim Ziehen großer unregelmäßiger Blechteile

Mit 96 Abbildungen

Springer-Verlag
Berlin Heidelberg New York 1980

Dr.-Ing. Vladimir V. Hasek

Institut für Umformtechnik
Universität Stuttgart

Dr.-Ing. Kurt Lange

o. Professor an der Universität Stuttgart
Institut für Umformtechnik

ISBN 978-3-540-10074-4   ISBN 978-3-642-52212-3 (eBook)
DOI 10.1007/978-3-642-52212-3

GELEITWORT DES HERAUSGEBERS

Die Umformtechnik zeichnet sich durch sehr gute Werkstoffauswertung und hohe Mengenleistung in der Serienfertigung gegenüber anderen Fertigungsverfahren aus, wobei Beibehaltung der Masse, Änderung der Festigkeitseigenschaften während eines Vorgangs und elastische Rückfederung der Werkstücke nach einem Vorgang wesentliche Merkmale sind. Weiter sind die benötigten Kräfte, Arbeiten und Leistungen sehr viel größer als z.B. bei spanenden Verfahren. Die sichere Beherrschung eines Verfahrens in der industriellen Fertigung und die zunehmende Forderung nach Vermeidung bzw. Minimierung spanender Nacharbeit erzwingen die geschlossene Betrachtung des Systems "Umformende Fertigung" unter zentraler Berücksichtigung plastizitätstheoretischer, werkstoffkundlicher und tribologischer Grundlagen.

Das Institut für Umformtechnik der Universität Stuttgart stellt entsprechend Forschung und Entwicklung zum einen auf die Erarbeitung von Grundlagenwissen in diesen Bereichen ab, zum anderen untersucht und entwickelt es Verfahren unter Anwendung spezieller Meßtechniken mit dem Ziel einer genauen quantitativen Ermittlung des Einflusses der Parameter von Vorgang, Werkstoff, Werkzeug und Maschine. Die Behandlung von Problemen des Maschinenverhaltens, der Maschinenkonstruktion sowie der Werkzeugauslegung und -beanspruchung, der Auswahl hochbeanspruchbarer, verschleißfester Werkzeugbaustoffe und schließlich der Tribologie gehört entsprechend ebenfalls zum Arbeitsgebiet, das durch die Erfassung organisatorischer und betriebswirtschaftlicher Fragen abgerundet wird.

Im Rahmen der "Berichte aus dem Institut für Umformtechnik" erscheinen in zwangloser Folge jährlich mehrere Bände, in denen über einzelne Themen ausführlich berichtet wird. Dabei handelt es sich vornehmlich um Abschlußberichte von Forschungsvorhaben, Dissertationen, aber gelegentlich auch um andere Texte. Diese Berichte sollen den in der Praxis stehenden Ingenieuren und Wissenschaftlern zur Weiterbildung dienen und eine Hilfe bei der Lösung umformtechnischer Aufgaben sein. Für die Studierenden bieten sie die Möglichkeit zur Vertiefung der Kenntnisse. Die seit

zwei Jahrzehnten bewährte freundschaftliche Zusammenarbeit mit
dem Springer-Verlag sehe ich als beste Voraussetzung für das
Gelingen dieses Vorhabens an.

Kurt Lange

Vorwort

Der vorliegende Bericht setzt die bisherigen Studien des Instituts für Umformtechnik der Universität Stuttgart auf dem Gebiet des Ziehens von großen unregelmäßigen Blechteilen fort. Herr Professor Dr.-Ing. K. Lang gab den Anstoß zu dieser Untersuchung und brachte ihr förderndes Interesse entgegen, woraus sich zahlreiche Anregungen ergaben.

Für die genannte Unterstützung bedanke ich mich herzlich.

Mein Dank gilt ferner all den Mitarbeiterinnen und Mitarbeitern des Instituts, die an der Arbeit Anteil genommen haben.

Die Mittel zur Durchführung dieser Untersuchung wurden von der Deutschen Forschungsgemeinschaft zur Verfügung gestellt. Materielle Unterstützung gab außerdem die Metallgesellschaft AG., Frankfurt a.M. Für diese Förderung bin ich gleichfalls zu Dank verpflichtet.

Stuttgart, Januar 1980   Vladimir V. Hasek

Inhaltsverzeichnis

		Seite
	Schrifttumsverzeichnis	11
	Verzeichnis der Abkürzungen	15
0	Einleitung	17
1	Theoretische Beschreibung des Tiefziehvorganges und ihre praktische Ausnutzung	19
1.1	Methode der Finiten Elemente	19
1.2	Verfahren der oberen Schranke	20
1.2.1	Grundlagen	20
1.2.2	Umformung und Reibung im Flansch	25
1.2.3	Umformung und Reibung an der Ziehkante	28
1.2.4	Reibung in der Zarge	32
1.2.5	Berechnung der Gesamtkraft	33
1.2.6	Beurteilung der Berechnung	35
1.3	Theorie der Gleitlinienmethode	36
1.3.1	Allgemeines	36
1.3.2	Einschränkende Vereinbarungen	37
1.3.3	Ebener Formänderungszustand	38
1.3.4	Gleitlinien	41
1.3.5	Charakteristiken	43
1.3.6	Geschwindigkeitsgleichungen	48
1.3.7	Bestimmung der optimalen Platinenform für Tiefziehteile	49
1.3.7.1	Aufbau eines zulässigen Gleitliniennetzes	49
1.3.7.2	Festlegung der Platinenform	54
1.3.7.3	Ermittlung der Kontur des Zuschnitts	56
1.3.8	Spannungszustand und Geschwindigkeitsverteilung beim Tiefziehen	57
1.3.9	Vergleich der verschiedenen Verfahren zur Ermittlung der Platinenform von Ziehteilen	60
1.4	Beeinflussung des Werkstoffflusses und Beseitigung der Faltenbildung durch Ziehwulste und Ziehstäbe	62

		Seite
2	Einfluß von Werkzeug- und Vorgangs-parametern beim Tiefziehen unregelmäßiger Blechteile	68
2.1	Einleitung	68
2.2	Versuche	69
2.2.1	Meßeinrichtung	70
2.2.2	Versuchsdurchführung	72
2.3	Verlauf der Kräfte	74
2.3.1	Einfluß der Ziehstäbe	74
2.3.1.1	Verlauf der Stempelkraft	75
2.3.1.2	Verlauf der waagerechten Bremskraft	77
2.3.1.3	Verlauf der senkrechten Bremskraft	79
2.3.1.4	Abschätzung der Versuchsergebnisse	82
2.3.2	Einfluß der Ziehstabanordnung	83
2.3.2.1	Verlauf der Stempelkraft	83
2.3.2.2	Verlauf der waagerechten Bremskraft	85
2.3.2.3	Verlauf der senkrechten Bremskraft	88
2.3.2.4	Abschätzung der Versuchsergebnisse	89
2.3.3	Kraftverläufe bei gleicher Ziehstabanordnung	90
2.3.4	Abschätzung der Versuchsergebnisse	92
2.3.5	Einfluß von Niederhalterkraft, Platinendurchmesser und Ziehradius	93
2.4	Verlauf der Formänderungen	93
2.4.1	Bestimmung der Formänderungen	93
2.4.2	Einfluß der Ziehstäbe	94
2.4.3	Einfluß von Niederhalterkraft, Platinendurchmesser und Ziehradius	96
2.5	Einfluß des Schmierstoffes auf die Tiefziehbarkeit	97
2.5.1	Allgemeines	97
2.5.2	Versuche	98
2.5.3	Versuchsdurchführung	98
3	Zusammenfassung	102
4	Bilder, Tabellen	105

Schrifttumsverzeichnis

[1]   Argyris, J. H.: Elasto-plastic analysis of three-
       dimensional media. Acta Technica Akademiae Scien-
       tiarum Hungaricae 54 (1966) S. 219 - 237.

[2]   Marcal, P. V., King, I. P.: Elastic-plastic analysis
       of two-dimensional stress systems by the finite-element-
       method. International Journal of Mechanical Sciences 9
       (1967) S. 143 - 155.

[3]   Lung, M.: Ein Verfahren zur Berechnung des Geschwin-
       digkeits- und Spannungsfeldes bei stationären starr-
       plastischen Formänderungen mit finiten Elementen.
       Dr.-Ing.-Diss. Technische Universität Hannover 1971.

[4]   Mekta, H. S., Kobayashi, S.: Finite element analysis
       and experimental investigation of sheet metal stretching.
       Journal of Engineering for Industry, Transaction of
       ASME (1973) August, S. 874 - 880.

[5]   Wang, N. M., Budiansky, B.: Analysis of sheet metal
       stamping by a finite-element method. Journal of
       Applied Mechanics Transactions of the ASME 45 (1978)
       March, S. 73 - 82.

[6]   Zienkiewicz, D. C., Onate, E., Heinrich, J. C.: Plastic
       flow in metal forming. Applications of numerical
       methods to forming processes. The Winter Annual Mee-
       ting at the American Society of Mechanical Engineers
       San Francisco, California 1978.

[7]   Steck, E.: Kraftberechnung bei Umformverfahren mit
       Hilfe der oberen Schranke. Werkstattstechnik 57
       (1967), S. 273 - 279.

[8]   Hasek, V., Krämer, G.: Kraftberechnen beim Tiefziehen
       mit Hilfe des oberen Schrankenverfahrens, Industrie-
       Anzeiger 97 (1975) S. 2139 - 2140.

[9]   Alekceev, H.Ju : Voprosy plasticeskogo tecenija metalov.
       Izdatelstvo Charkovskogo Universita, Charkov 1958.

[10]   Frank, G.: Fließfiguren beim Tiefziehen und ihre Be-
        seitigung. Blech 4 (1957) S. 30.

[11]   Bronstein, I., Semendjajev, K.: Taschenbuch der Mathe-
        matik. 8. Auflage. Zürich, Frankfurt: Verlag Harri
        Deutsch 1968.

[12]   Zünkler: Der Einfluß der Werkstoffverfestigung auf
        die Ziehkraft und das Grenzziehverhältnis beim Tief-
        ziehen. Blech 20 (1973), S. 343 - 346.

[13]   Lange, K.: Lehrbuch der Umformtechnik, Band 3, Springer-
        Verlag, Berlin, Heidelberg, New York, 1975.

[14]   Hencky, H.: Über einige Fälle des Gleichgewichts an
        plastischen Körpern, Zeitschrift für angewandte Mathematik
        und Mechanik 3, 41, 1923.

[15]   Prager, W., Hodge, P. G.: Theorie ideal plastischer
        Körper, Springer Verlag, Wien, 1954.

[16]   Hill, R.: The Mathematical Theory of Plasticity,
        Clarendon Press, Oxford, 1950.

[17]   Iljuschin, A. A.: Plasticnost, OGIZ, Moskva, 1948.

[18]   Kacanov, L. M.: Osnovy teorii plasticnosti, Nauka, Moskva,
        1969.

[19]   Sokolovskij, W. W.: Theorie der Plastizität, VEB Ver-
        lag Technik, Berlin, 1955.

[20]   Tomlenow, A. D.: Teorija plasticeskogo deformirovanija
        metallov, Metallurgija, Moskva, 1972.

[21]   Johnson, W., Mellor, P. B.: Plasticity for Mechanical
        Engineers, Van Nostrand Comp., London, 1962.

[22]   Thomsen, E. G., Yang, Ch. T., Kobayashi, S.: Mechanics
        of Plastic Deformation in Metal Processing, The Mac-
        millan Comp., New York, 1965.

[23]   Lange, K.: Lehrbuch der Umformtechnik Band 1, Springer
        Verlag, Berlin, Heidelberg, New York, 1972.

[24]   Katkov, V. F.: Osnovy teorii obrabotki metallov
        davleniem, Masgiz, Moskva, 1959.

[25]   Backofen, W. A.: Deformation Processing Addision-
        Wesley Publishing Comp. Reading, Massachusetts, 1976.

[26]   Gubkin, S. T.: Plasticeskaja deformacija metallov
        Metallurgizdat, Moskva, 1960.

[27]   Rubenkova, L. A., Kazakov, J. P.: Napjazennoe sostojanie
        vo flance zagotovki pri vytjazke detali sloznoj formi,
        Maschinovedenie Nr. 5, S. 114-117, Moskva, 1968.

[28]   Tomlenov, A. D.: O naprjazennom sostojanii v nacale
        sloznoj vytjazki listovogo metalla, Maschinovedenie
        Nr. 4, S. 120 - 123, Moskva, 1968.

[29]   Oehler, G., Kaiser: Schnitt-, Stanz- und Ziehwerkzeu-
        ge, 5. Auflage, Springer Verlag, Berlin, 1966.

[30]   Romanowski, W. P.: Handbuch der Stanzereitechnik.
        VEB Verlag Technik. Berlin 1965.

[31]   Hasek, V.: Über den Formänderungs- und Spannungszustand
        beim Ziehen von großen unregelmäßigen Blechteilen. In-
        stitut für Umformtechnik, Universität Stuttgart. Un-
        tersuchungsbericht Nr. 25. Essen: W. Girardet 1973.

[32]   Yoshida, K. u. a.: The effects of mechanical proper-
        ties of sheet metals on the growth and removing of
        buckles due to non-uniform stretching. IDDRG binen-
        nial Congress, Gothenburg, Sweden 1974.

[33]   Kawai, N.: Critical conditions of wrinkling in deep
        drawing of sheet metals. 1, 2, 3, Report, Bulletin of
        Japan Society of Mechanical Engineers. (JSME) (1961)
        S. 169 - 192.

[34]   Birjukov, N. M., Borisov, Ju. D.: Vlijanie uprocnenija
       metalla na obrazovanie skladok, Kuznecno stampovocnoe
       proizvodstvo Nr. 3 (1968) S. 22 - 24.

[35]   Hilbert, H. L.: Einfließwulste und Ziehstäbe in Stan-
       zerei-Großwerkzeugen. Werkstatt und Betrieb 105 (1970)
       S. 463 - 465.

[36]   Hilbert, H. L.: Einfließwulste und Ziehstäbe in Stan-
       zerei-Großwerkzeugen. VDI-Richtlinien 3377, VDI-Verlag,
       Düsseldorf 1971.

[37]   Hasek, V.: Versuchswerkzeug zum Bestimmen unterschied-
       licher Einflüsse auf den Tiefziehvorgang. Industrie-
       Anzeiger 99 (1977), S. 517 - 518.

[38]   Wilson, F. W. u. a.: Die design Handbook. McGraw-Hill Book
       Company, New York, 1965.

[39]   Hasek, V., Lange, K.: Einfluß von Werkzeug- und Vor-
       gangsparametern beim Tiefziehen unregelmäßiger Blech-
       teile. wt-Zeitschrift für industrielle Fertigung 68
       (1978) S. 545 - 553.

[40]   Küppers, W.: Zum Grenzziehverhältnis als Kenngröße
       für das Tiefziehverhalten von Feinblechen. TEW-Techni-
       sche Berichte, 3. Band, (1977) S. 28 - 32.

[41]   Panknin, W., Dutschke, W.: Die Gesetzmäßigkeiten beim
       Tiefziehen runder, quadratischer, rechteckiger und
       elliptischer Teile im Anschlag. Mitt. d. Forschungsge-
       sellschaft Blechverarbeitung, Nr. 2/3, 1959, S. 13 - 23.

[42]   Hasek, V.: Untersuchung und theoretische Beschreibung
       wichtiger Einflußgrößen auf das Grenzformänderungsschau-
       bild. Blech Rohre Profile 25 (1978) Teil I S. 213 -
       220, Teil II S. 285 - 292, Teil III S. 493 - 499,
       Teil IV S. 617 - 627.

Verzeichnis der Abkürzungen

A	Fläche
a	größere Ellipsenhalbachse
B	Breite, Konstante
b_z	Ziehstabbreite
c	Flanschbreite
D, d	Durchmesser
F	berechnete Kraft
$\overline{F}$	reale Kraft
ΔF	Kraftänderung
F_{Bs}	senkrechte Bremskraft
F_{Bw}	waagerechte Bremskraft
F_{St}	Stempelkraft
h	Höhe
h_z	Ziehstabhöhe
K	Krümmung
k	Schubfließgrenze
k_f	Fließspannung
l_{z1}, l_{z2}	Ziehstablänge
n	Verfestigungsexponent
P	berechnete Leistung
$\overline{P}$	reale Leistung
p	Druck
R, r	Radius
r_a	Außenradius der Ziehkante
r_B	Bodenradius des Stempels
r_i	Stempelradius
S	Länge auf einer gekrümmten Linie
s	Blechdicke
V	Volumen
V_o	Ausgangsvolumen
v	Geschwindigkeit
z	Tiefe
α	Winkel
β_{max}	Grenzziehverhältnis
γ	Winkel
ε	Formänderung
$\dot{\varepsilon}$	Formänderungsgeschwindigkeit

ϑ, θ Winkel

μ Reibwert

ϱ Fließradius

σ Normalspannung

τ Schubspannung

φ Umformgrad

φ_v Vergleichsumformgrad

ω Variable

Indizes

a	äußere
b	Ausgangs-
i	innere
m	mittlere
max	maximal
min	minimal
n	normal
o	obere
r	radial
R	Reibung
r, ϑ, z	Koordinatenrichtungen
rel	relativ
S	Scherung
Sp	Spirale
St	Stempel
t	Tangential-
U	Umformung
u	untere
w	Werkzeug-
Za	Zarge
x, y, z	Koordinatenrichtungen
1, 2, 3	Hauptrichtungen
I, II, III	Bereiche

0   <u>Einleitung</u>

Beim Ziehen großer unregelmäßiger Blechteile werden heute ver-
breitet Ziehstäbe eingesetzt. Damit wird dem Einlaufen des
Bleches in die Ziehmatrize ein örtlich unterschiedlicher
Widerstand entgegengesetzt. Die Ziehstäbe werden in der
Praxis vor allem in Werkzeugen zur Umformung von großflächi-
gen Ziehteilen verwendet, deren Kontur keine gleichmäßige
Rundung aufweist, sondern mit z. T. unregelmäßig auftretenden Ecken versehen ist. Zu diesen sogenannten großen unregelmäßigen Ziehteilen gehören z. B. Karosserieblechteile
und auch einige rechteckige und quadratische Ziehteile. Die
hier eingesetzten Ziehstäbe haben die Aufgabe, den Werkstofffluß während der Umformung zu steuern.

Im Rahmen dieser Arbeit sollte nun der Einfluß unterschied-
lich bemessener Ziehstäbe auf die Umformkräfte und Formänderungen, die im Tiefziehwerkzeug hervorgerufen werden, untersucht werden.

Das Ergebnis dieser Arbeit soll zeigen, ob sich in Abhängigkeit von den Maßen und der Anordnung von Ziehstäben eine Aussage über die bei der Umformung auftretenden Kräfte und Formänderungen machen läßt. Da bei den Versuchen alle maschinenseitigen Größen konstant gehalten wurden, können die Ergebnisse nur in Abhängigkeit von den veränderlichen Parametern
Ziehstabbreite, Ziehstabhöhe und Ziehstabanordnung im Zieh-
werkzeug angegeben werden. Die Schmierstoffe werden mittels
des Grenzziehverhältnisses β_{max} und durch Ausmessen der
Formänderungsverteilung über der Ziehteilkontur beurteilt.
Das Grenzziehverhältnis β_{max} ist eine werkstoffcharakteristi-
sche Kenngröße, die eine Aussage über die Grenzumformung bei
einem Tiefziehvorgang macht. Die Formänderungsverteilung, d.h.
die Kurve,in der die Umformgrade φ_1 und φ_2 in Abhängigkeit
voneinander eingezeichnet sind, gibt in Verbindung mit dem
Grenzformänderungsschaubild Aufschluß über das Umformverhalten von Blechen beim Tief- bzw. Streckziehen.

Nach dem Verfahren der oberen Schranke soll für einen bestimmten Tiefziehvorgang die Kraft, die in keinem Fall von

der wirklich auftretenden Kraft überschritten werden kann,
theoretisch ermittelt werden.In der Literatur sind für diesen
Umformvorgang ebenso keine Unterlagen vorhanden, wie für den
rotationssymmetrischen Umformvorgang. Im Rahmen dieser Auf-
gabenstellung werden deshalb Grundlagen für die Bestimmung
des Kraftbedarfs bei der Herstellung eines rotationssymmetrischen Tiefziehteils nach dem Verfahren der oberen Schranke
mit einem angenommenen Geschwindigkeitsfeld ermittelt.

In dieser Arbeit soll weiter die Gleitlinienmethode auf das
Tiefziehen unregelmäßiger Blechteile angewandt werden. Die
Kinematik des Werkstoffflusses im Bereich des Flansches
wird mit der Gleitlinienmethode analysiert. Hieraus werden
nicht nur Rückschlüsse auf optimale Platinenform und -größe
erwartet, sondern auch eine Aussage über die im Flansch
herrschenden Spannungsverhältnisse, die für die Faltenbildung
äußerst wichtig sind.

1 Theoretische Beschreibung des Tiefziehvorganges
   und ihre praktische Ausnutzung

Für die theoretische Beschreibung eines Tiefziehvorgangs sind
aus dem Schrifttum verschiedene Verfahren bekannt.

Dazu gehören:

1. Die Methode der Finiten Elemente
2. das Verfahren der oberen Schranke
3. die Gleitlinientheorie.

Auf die erste Methode soll im folgenden nur kurz hingewiesen
werden. Nach der zweiten Methode wird der Kraft-Weg-Verlauf
über ein angenommenes Geschwindigkeitsfeld berechnet. Mit Hilfe
der Gleitlinienmethode werden Spannungszustand, Geschwindig-
keitsverteilung und Faltenbildung beim Tiefziehen beschrieben,
sowie Platinenform und Lage der Ziehstäbe auf der Oberfläche
des Niederhalters aus dem Gleitlinienfeld ermittelt.

1.1 Methode der Finiten Elemente

Die Methode der Finiten Elemente (FEM) ist für elastische
Berechnungen in vielen Arbeiten erprobt und durch Messungen
bestätigt worden. Mehr und mehr wurden auch elastisch-plasti-
sche Probleme behandelt [1, 2]. Es handelte sich dabei durch-
weg um Probleme, bei denen die plastischen Formänderungen
noch in der Größenordnung der elastischen Dehnungen lagen.
Das bedeutete wiederum, daß die fest mit dem Werkstück ver-
bundenen Elemente eine vernachlässigbare Gestaltänderung er-
fuhren. Sie konnten somit in ihrer ursprünglichen Geometrie
und den daraus resultierenden Steifigkeitseigenschaften in
der Rechnung verwendet werden. Dies ist bei größeren Dehnungen nicht mehr möglich. So ist in [3] ein anderer Weg be-
schritten worden, der sich allerdings auf stationäre Vorgänge beschränkte. Es wurden raumfeste finite Elemente verwendet, durch die der Werkstoff fließt. Für das Geschwindigkeitsfeld in jedem Element wurden Näherungsfunktionen an-

genommen, die auf der Grundlage des Verfahrens der oberen
Schranke in die weitere Rechnung eingehen.

Die Methode der Finiten Elemente betrachtet den Körper als
ein Aggregat mit einer beschränkten Anzahl von Elementen. Diese
sind durch eine bestimmte Anzahl von Knotenpunkten miteinander
verbunden.

Die erste Arbeit, in der mit einer Finite-Elemente-Methode
das Tiefziehen berechnet wird, stammt von MEHTA und KOBAYASHI
[4]. Es handelt sich dabei um einen einfachen Tiefziehvorgang
mit einem flachen Stempel. Die Untersuchungen wurden auf die
Umformzone am Stempelkopf begrenzt, da die übrige Umformzone
einem Verformungsmechanismun unterliegt, der mit dieser Methode
nur sehr schwer zu beschreiben ist. Auch in weiteren Arbeiten
[5, 6] wurden nur einfache Tiefziehvorgänge betrachtet.

Die Behandlung des Ziehens unregelmäßiger Blechteile mit der
Methode der Finiten Elemente wird mit großen Schwierigkeiten
(große Anzahl von Knotenpunkten, Bestimmung von Randbedingungen,
große Rechenzeiten usw.) verbunden sein.

1.2 Verfahren der oberen Schranke

1.2.1 Grundlagen

Die elementare Plastizitätstheorie liefert Berechnungsgrund-
lagen für die Ermittlung von Umformkräften. Wegen den allzu
vereinfachten Annahmen für den Bewegungszustand weichen die
Ergebnisse oft stark von den wirklich auftretenden Kräften
ab. Deshalb sind Bewegungszustände zugrundezulegen, die den
Werkstofffluß genauer beschreiben [7,8,9].Von der Plastizitätstheorie werden auch Aussagen über Extremwerte der Umformleistung
gemacht. Auf dieser Tatsache begründen sich die sogenannten
Schrankenverfahren, die zu Lösungen führen, von denen bekannt
ist, daß diese theoretisch ermittelten Kräfte größer bzw.
kleiner sind als die wirklich auftretenden. Die Grundlagen
für diese Schrankenverfahren liefern PRAGER-HODGE [15]:

1. Ein in einem Körper angenommenes Feld von Verzerrungsgeschwindigkeiten sei kinematisch zulässig, d. h. es genügt der Kontinuitätsbedingung und erfüllt die Randbedingungen. Es gilt dann die Aussage, daß sich aus dem wirklichen Geschwindigkeitsfeld immer kleinste Werte für die über die Umformzone summierte innere Leistung P_i ergeben. Man erhält also aus einem angenommenen Geschwindigkeitsfeld eine innere Leistung P_i, die größer, mindestens jedoch gleich groß wie die tatsächliche innere Leistung $\overline{P}_i$ ist:

$$\overline{P}_i \leqslant P_i$$

Aus dieser ersten Extremalaussage läßt sich eine Kraft F berechnen, die größer oder mindestens gleich groß ist wie die wirkliche Umformkraft $\overline{F}$. Daraus ergibt sich die obere Schranke für die Umformkraft:

$$F_o = \frac{P_i}{v_w}$$

2. Die in einem Körper angenommenen Spannungsverteilungen sind dann statisch zulässig, wenn sie den Gleichgewichtsbedingungen, den Randbedingungen für die Spannungen und der Fließbedingung genügen. Die sich daraus ergebende, über die Umformzone summierte äußere Leistung P_a ist immer kleiner oder gleich der wirklichen äußeren Leistung $\overline{P}_a$, die sich aus der wirklichen Spannungsverteilung ergibt.

$$P_a \leqslant \overline{P}_a$$

Die Kraft F_u, die sich aus dieser zweiten Extremalaussage berechnen läßt, ist immer kleiner als die notwendige Umformkraft $\overline{F}$. Man erhält daraus die untere Schranke für die Umformkraft:

$$F_u = \frac{P_a}{v_w}$$

Die wirkliche Umformkraft läßt sich dann eingrenzen:

$$F_u \ (P_a) \leqslant \overline{F} \leqslant F_o \ (P_i)$$

Für die weitere Berechnung wird nur das Verfahren der
oberen Schranke herangezogen, da es einfacher ist, ein zulässiges Geschwindigkeitsfeld zu definieren, als eine zulässige Spannungsverteilung. Ferner ist es für die Auslegung
von Pressen und Werkzeugen von übergeordnetem Interesse, eine
Aussage über Kräfte zu treffen, die mit Sicherheit nicht überschritten werden und trotzdem wenig von den wirklich auftretenden abweichen. Das Ziehteil, das den in den nachfolgenden Ka-
piteln beschriebenen Versuchen zugrunde liegt, ist nicht ro-
tationssymmetrisch, sondern quadratisch mit einer Kantenlänge von 200 mm und einem Eckenradius von 20 mm. Bisher liegen keinerlei Kraftberechnungen nach dem Verfahren der oberen
Schranke, weder für rotationssymmetrische noch für nichtrota-
tionssymmetrische Ziehteile vor. Abgesehen von der Schwierig-
keit, zulässige Geschwindigkeitsfelder für unregelmäßige Teile
zu formulieren, ergeben sich weitere Probleme bei der Bestimmung von Randbedingungen in den Übergangsbereichen von Ecken-
radien zu   geraden Seitenteilen sowie den Bereichen der
Ziehwulste.

Deshalb wird die nachfolgende Berechnung auf ein rotationssymmetrisches Ziehteil beschränkt, das man sich aus den vier
Eckteilen zusammengesetzt denkt (Bild 1):

1. Die innere Leistung P_i, die sich aus den Geschwindigkeits-
   feldern ergibt, setzt sich aus drei Anteilen additiv zusammen: der reinen Umformleistung P_U, der Reibleistung P_R
   und der Scherleistung P_S.

$$P_i = P_U + P_R + P_S \tag{1}$$

Nach STECK [7] ergibt sich der Leistungsanteil, der zur
Formänderung des Werkstoffes notwendig ist, zu:

$$P_U = \sqrt{\tfrac{2}{3}}\, k_f \int_V \sqrt{\dot{\varepsilon}_{11}^2 + \dot{\varepsilon}_{22}^2 + \dot{\varepsilon}_{33}^2 + \tfrac{1}{2}\left(\dot{\varepsilon}_{12}^2 + \dot{\varepsilon}_{13}^2 + \dot{\varepsilon}_{23}^2\right)}\; dV \tag{2}$$

Die Formänderungsgeschwindigkeiten $\dot{\varepsilon}_{11}$, $\dot{\varepsilon}_{22}$ usw. ergeben
sich aus dem angenommenen Geschwindigkeitsfeld. In Zylin-

derkoordinaten werden sie folgendermaßen angegeben:

$$\dot{\varepsilon}_{11} = \frac{\partial\, v_r}{\partial\, r}, \qquad\qquad \dot{\varepsilon}_{33} = \frac{\partial\, v_z}{\partial\, z},$$

$$\dot{\varepsilon}_{22} = \frac{1}{r}\,\frac{\partial\, v_\vartheta}{\partial\vartheta} + \frac{v_r}{r},$$

$$\dot{\varepsilon}_{12} = \frac{1}{2}\left(\frac{\partial\, v_\vartheta}{\partial r} - \frac{v_\vartheta}{r} + \frac{1}{r}\,\frac{\partial\, v_r}{\partial\vartheta}\right), \qquad\qquad (3)$$

$$\dot{\varepsilon}_{13} = \frac{1}{2}\left(\frac{\partial\, v_r}{\partial z} + \frac{\partial\, v_z}{\partial r}\right),$$

$$\dot{\varepsilon}_{23} = \frac{1}{2}\left(\frac{1}{r}\,\frac{\partial\, v_z}{\partial\vartheta} + \frac{\partial\, v_\vartheta}{\partial z}\right)$$

Dabei entspricht k_f der Fließspannung des umzuformenden Werkstoffs.

2. Die Reibleistung berücksichtigt die durch Reibung zwischen Werkzeug und Werkstück auftretenden Energieverluste:

$$P_R = \int_{A_R} |\tau_R \cdot v_{rel}|\; dA_R \qquad\qquad (4)$$

Dabei ist v_{rel} die Relativgeschwindigkeit der das Werkzeug berührenden Werkstoffteilchen gegenüber dem Werkzeug selbst. Der Wert τ_R ist mit einem gewissen Unsicherheitsfaktor behaftet. Er kennzeichnet die in der Berührungsfläche wirkende Schubspannung und ist von den Reibverhältnissen abhängig, die ihrerseits wiederum von der Flächenpressung, also dem eventuellen Niederhalterdruck, abhängen. Diese Schubspannung setzt sich zusammen aus der Fließspannung k_f und dem Reibwert μ:

$$\tau_R = \mu\; k_f\,(\varphi) \qquad\qquad (5)$$

3. Analog zur Reibleistung ergibt sich die Scherleistung. Dabei setzt man voraus, daß beim Übergang von einem Bereich

zum anderen die auftretenden Geschwindigkeitskomponenten senkrecht zur Bereichsgrenze übereinstimmen, während parallel zu den Grenzen unterschiedliche Geschwindigkeiten auftreten können. Der Werkstoff schert dann längs dieser Bereichsgrenzen, der sogenannten Scherfläche, ab:

$$P_S = \int_{A_S} | \tau_{max} \, v_{rel} | \, dA_S \qquad (6)$$

Die Geschwindigkeit der Teilchen beiderseits der Bereichsgrenzen gegeneinander ist durch v_{rel} repräsentiert. τ_{max} stellt die vom Werkstoff maximal übertragbare Schubspannung dar. Dies ergibt im allgemeinen:

$$\tau_{max} = \frac{1}{\sqrt{3}} \, k_f \qquad (7)$$

Für die Auswahl eines zulässigen Geschwindigkeitsfeldes muß neben der Wahl der richtigen Randbedingungen auch noch die Kontinuitätsbedingung erfüllt sein. Diese ergibt sich entsprechend Bild 2 [8] in Zylinderkoordinaten: In einem inkompressiblen Medium ist ein Strömungsfeld dann kontinuierlich, wenn das in ein Volumenelement hineinströmende Volumen gleich dem herausströmenden ist. Diese Bedingung lautet formelmäßig:

$$d \varphi \, r \, dz \, v_r + \frac{1}{2} d \varphi \, [(r + dr)^2 - r^2] \, v_z =$$

$$= d \varphi \, (r + dr) \, dz \, (v_r + dv_r) + \frac{1}{2} d \varphi \, [(r + dr)^2 - r^2] \, (v_z + dv_z)$$

Durch Ausmultiplizieren und Vernachlässigen der Glieder von höherer als 2. Ordnung erhält man:

$$r \, dz \, v_r + \frac{1}{2} v_z \, 2 \, r \, dr + \frac{1}{2} v_z \, dr^2 =$$

$$= dz \, r \, v_r + dz \, r \, dv_r + dz \, dr \, v_r + \frac{1}{2} \, 2 \, r \, dr \, v_z + \frac{1}{2} \, 2 \, r \, dr \, dv_z +$$

$$+ \frac{1}{2} v_z \, dr^2 ,$$

oder

$$dz\, r\, dv_r + dz\, dr\, v_r + dr\, dv_z\, r = 0$$

oder

$$\frac{\partial v_r}{\partial r} + \frac{v_r}{r} + \frac{\partial v_z}{\partial z} = 0 \tag{8}$$

Für die Berechnung der Umformleistung und die sich daraus ergebenden Kräfte wird das Tiefziehteil in fünf Bereiche, entsprechend Bild 3, aufgeteilt. Es ist zu beachten, daß die Berechnung nicht vom Beginn des Ziehvorgangs ausgeht. Sie kann erst in dem Augenblick angesetzt werden, wenn die Stempelrundung und der Ziehradius im Blech voll ausgebildet sind und sich gerade eine Zarge zu bilden beginnt.

1.2.2 Umformung und Reibung im Flansch

Der Flansch, in Bild 3 gleich Bereich I, reicht vom Außendurchmesser der Platine bis zum Beginn des Ziehradius. In diesem Bereich sei die Geschwindigkeit der Werkstoffteilchen in Blechdickenrichtung gleich 0, damit bleibt die Blechdicke über dem gesamten Bereich des Flansches konstant.

$$v_z = 0 \tag{9}$$

Dann ergibt sich aus der Kontinuitätsgleichung (8) folgende Differentialgleichung:

$$\frac{\partial v_r}{\partial r} + \frac{v_r}{r} = 0$$

Deren Lösung ist:

$$v_r = \frac{B}{r}$$

Die Konstante B läßt sich aus der folgenden Randbedingung ermitteln:

Die Geschwindigkeit in der mittleren Faser von Bereich III
sei gleich der Stempelgeschwindigkeit v_{St}. Entlang dem Zieh-
kantenradius bis zu dessen Beginn bei $r = r_a$ nimmt die Geschwindigkeit an der mittleren Faser bis auf den Wert

$$v\,(r_a) = v_{St}\,\frac{r_i + \frac{s}{2}}{r_a}$$

ab. Daraus ergibt sich dann:

$$B = v_{St}\,(r_i + \frac{s}{2})$$

und damit:

$$v_r = \frac{r_i + \frac{s}{2}}{r}\,v_{St} \tag{10}$$

Mit den Gleichungen (3), (9) und (10) läßt sich Gleichung (2)
folgendermaßen umschreiben:

$$P_{UI} = \frac{\sqrt{2}}{\sqrt{3}}\,k_f\,(\varphi)\int\limits_0^{2\pi}\int\limits_0^s\int\limits_{r_a}^R \sqrt{\left(\frac{v_{St}\,(r_i + \frac{s}{2})^2}{r^2}\right) + \left(\frac{v_{St}\,(r_i + \frac{s}{2})^2}{r^2}\right)}\ r\ dr\ dz\ d\vartheta$$

oder nach einer weiteren Umformung:

$$P_{UI} = \frac{2}{\sqrt{3}}\,k_f\,(\varphi)\int\limits_0^{2\pi}\int\limits_0^s\int\limits_{r_a}^R v_{St}\,(r_i + \frac{s}{2})\,\frac{1}{r}\ dr\ dz\ d\vartheta$$

Die Lösung dieses Integrals lautet:

$$P_{UI} = \frac{4\pi}{\sqrt{3}}\,k_f\,(\varphi)\,v_{St}\,(r_i + \frac{s}{2})\,s\,\ln\frac{R}{r_a} \tag{11}$$

Der für die Berechnung der Umformleistung in diesem Bereich notwendige k_f-Wert werde als Mittelwert der auftretenden Umformleistung angenommen. Aus der Fließkurve von RRSt 1403 in Bild 4 und

den gemessenen Umformgraden in Bild 5 folgt ein $k_{fm} = 340$ N/mm^2.
Die im Flansch auftretende Reibung trägt nach Gleichung (4) und
(5) zur Gesamtumformleistung bei:

$$P_{RI} = \int_{A_R} |\mu \, k_f \, v_{rel}| \, dA_R$$

Für die sich mit dem Radius ändernde Relativgeschwindigkeit gelte der Ansatz:

$$v_{rel} = \frac{r_i + \frac{s}{2}}{r} \, v_{St}$$

Damit gilt:

$$P_{RI} = \int_0^{2\pi} \int_{r_a}^{R} \mu \, k_f(\varphi) \, \frac{r_i + \frac{s}{2}}{r} \, v_{St} \, r \, dr \, d\vartheta$$

Die Lösung dieses Doppelintegrals ergibt sich zu:

$$P_{RI} = 2\pi \, \mu \, k_{fm} \, (r_i + \frac{s}{2}) \, (R - r_a) \, v_{St} \qquad (12)$$

Nach [10] tritt bei den meisten Umformverfahren eine Mischreibung auf, die einen Reibungskoeffizienten von

$$0,03 \leqslant \mu \leqslant 0,1$$

zur Folge hat.

Zur weiteren Berechnung wurde ein Wert $\mu = 0,05$ angenommen.
Die Scherleistungen, die an den Bereichgrenzen berechnet werden können, wenn die dazu parallelen Geschwindigkeiten unter-
schiedlich sind, werden hier und im folgenden vernachlässigt.
Es handelt sich dabei um nur geringfügige Geschwindigkeitsun-
terschiede, die zu verhältnismäßig kleinen Scherleistungen führen würden.

1.2.3   Umformung und Reibung an der Ziehkante

Die Ziehkantenzone aus Bild 3 (Bereich II) wird in Bild 6
vergrößert dargestellt und dient als Grundlage für die folgenden Berechnungen. Um zum Ansatz für das Geschwindigkeitsfeld
zur Ermittlung der Umformleistung zu gelangen, werden folgende Annahmen getroffen:

- Die Blechdicke sei während des Fließens über die
  Ziehkante unveränderlich.
- Das Material nimmt beim Austritt aus der Zieh-
  kante Stempelgeschwindigkeit an.

Aus der Kontinuitätsgleichung

$$2\,\pi\,(r_i + \tfrac{s}{2})\ s\ v_{St} = 2\,\pi\,r_m\,(\alpha)\ s\ v_m\,(\alpha)$$

ergibt sich der Verlauf der Geschwindigkeit an der mittleren
Faser:

$$v_m\,(\alpha) = \frac{r_i + \frac{s}{2}}{r_m(\alpha)}\ v_{St} \tag{13}$$

Aus den geometrischen Beziehungen (Bild 6) folgt:

$$\sin \alpha = \frac{1}{\varrho_m}\ (\varrho_m + \tfrac{s}{2} - z)$$

$$\cos \alpha = \frac{1}{\varrho_m}\ (r_a - r) \tag{14}$$

$$r_m(\alpha) = r_a - \varrho_m \cos \alpha$$

Aus den Gleichungen (13) und (14) sowie der Aufteilung der
Geschwindigkeit v_m in r- und z-Richtung läßt sich das Geschwindigkeitsfeld wie folgt formulieren:

$$v_r = - \frac{1}{\varrho_m\,r}\ [(r_i + \tfrac{s}{2})\ v_{St}\ (\varrho_m + \tfrac{s}{2} - z)] \tag{15}$$

$$v_z = \frac{1}{\varrho_m\,r}\ [(r_i + \tfrac{s}{2})\ v_{St}\ (r_a - r)] \tag{16}$$

Dieses angenommene Geschwindigkeitsfeld ist zulässig, da es
die Kontinuitätsbedingung, Gleichung (8), erfüllt. Aus den
Gleichungen (3), (15) und (16) ergeben sich die Verzerrungsgeschwindigkeiten:

$$\dot{\varepsilon}_{11} = \frac{1}{\varrho_m r^2} \, (\varrho_m + \frac{s}{2} - z) \, (r_i + \frac{s}{2}) \, v_{St},$$

$$\dot{\varepsilon}_{22} = \frac{-1}{\varrho_m r^2} \, (\varrho_m + \frac{s}{2} - z) \, (r_i + \frac{s}{2}) \, v_{St},$$

$$\dot{\varepsilon}_{33} = 0, \qquad \dot{\varepsilon}_{12} = 0, \qquad \dot{\varepsilon}_{23} = 0,$$

$$\dot{\varepsilon}_{13} = \frac{1}{2} \, (\frac{(r_i + s/2) \, v_{St} \, (r - r_a)}{\varrho_m r^2})$$

(17)

Die Gleichung (2) mit den Gleichungen (17) führen, verein-
facht, auf folgendes Integral:

$$P_{UII} = \frac{2 \, (r_i + \frac{s}{2}) \, v_{St} \, k_f}{\sqrt{3} \, \varrho_m} \int\limits_0^{2\pi} \int\limits_{r_i}^{r_a} \int\limits_{z_u}^{z_o} \sqrt{\frac{(\varrho_m + \frac{s}{2} - z)^2 + \frac{1}{4}(r - r_a)^2}{r^2}} \; dz \; dr \; d\vartheta$$

Die erste Integration wird nach [11] ausgeführt:

$$P_{UII} = \frac{2 \, (r_i + \frac{s}{2}) \, v_{St} \, k_f}{\sqrt{3} \, \varrho_m} \int\limits_o^{2\pi} \int\limits_{r_i}^{r_a} \left[\int\limits_{z_u}^{z_o} (\varrho_m + \frac{s}{2} - z) \sqrt{\frac{(\varrho_m + \frac{s}{2} - z)^2 + \frac{1}{4}(r - r_a)^2}{r}} \; + \right.$$

$$\left. + \; \frac{(r - r_a)^2}{r \, 4} \; \text{arsh} \, (\frac{2 \, (\varrho_m + \frac{s}{2} - z)}{(r - r_a)}) \right] \, dr \; d\vartheta \qquad\qquad (18 \text{ a})$$

Eine Abhängigkeit der einzelnen Variablen von ϑ ist nicht gegeben. Die Integration nach ϑ kann deshalb vorgezogen werden.
Gleichung (18 a) hat dann folgendes Aussehen:

$$P_{UII} = \frac{4\pi\,(r_i + \frac{s}{2})\,v_{St}\,k_f}{\sqrt{3}\,\rho_m} \int\limits_{r_i}^{r_a} \left[\; \int\limits_{z_u}^{z_o} (\rho_m + \frac{s}{2} - z)\, \frac{\sqrt{(\rho_m + \frac{s}{2} - z)^2 + \frac{1}{4}(r - r_a)^2}}{r} \right.$$

$$\left. + \frac{(r - r_a)^2}{4r}\; \operatorname{arsh}\left(\frac{2(\rho_m + \frac{s}{2} - z)}{(r - r_a)}\right) \right]\; dr \qquad (18\ b)$$

Bevor die Integrationsgrenzen eingesetzt werden können ist das Gebiet in zwei Teile aufzuspalten. Im Gebiet D 1 (siehe Bild 6), das von r_i bis $(r_i + s)$ reicht, wird als obere Grenzkurve die Gerade

$$z_{oD1} = \rho_m + s/2 \qquad (19)$$

eingesetzt. Die untere Grenzkurve ist der untere Halbkreis um den Mittelpunkt $(r_a,\ \rho_m + s/2)$ mit dem Radius $(\rho_m + s/2)$:

$$z_{uD1} = \rho_m + \frac{s}{2} - \frac{1}{2} \sqrt{(2\rho_m + s)^2 - 4(r - r_a)^2} \qquad (20)$$

Das Gebiet D2 ist von $r_i + s$ bis r_a definiert. Die obere Grenze ist ein zu z_{uD1} konzentrischer Halbkreis mit dem Radius $(\rho_m - s/2)$:

$$z_{oD2} = \rho_m + s/2 - \frac{1}{2} \sqrt{(2\rho_m - s)^2 - 4(r - r_a)^2} \qquad (21)$$

Für z_{uD2} gilt: $z_{uD2} = z_{uD1}$

Mit der Konstanten $B = \dfrac{-k_f\,(r_i + s/2)\,v_{St}\,2\pi}{\sqrt{3}\;\rho_m}$ und den Gleichungen (21), (20) und (19) ergibt sich für Gleichung (18 b):

$$P_{UII} = B \left\{ \int_{r_i}^{r_i+s} \left[\frac{-1}{2r} \sqrt{(2\rho_m+s)^2 - 4(r-r_a)^2} \sqrt{\frac{1}{4}(2\rho_m+s)^2 - \frac{3}{4}(r-r_a)^2} + \right. \right.$$

$$\left. - \frac{(r-r_a)^2}{4r} \; \text{arsh} \; \frac{\sqrt{(2\rho_m+s)^2 - 4(r-r_a)^2}}{(r-r_a)} \right] dr +$$

$$+ \int_{r_i+s}^{r_a} \left[\frac{1}{2r} \sqrt{(2\rho_m-s)^2 - 4(r-r_a)^2} \sqrt{\frac{1}{4}(2\rho_m-s)^2 - \frac{3}{4}(r-r_a)^2} + \right. \tag{22}$$

$$- \frac{1}{2r} \sqrt{(2\rho_m+s)^2 - 4(r-r_a)^2} \sqrt{\frac{1}{4}(2\rho_m+s)^2 - \frac{3}{4}(r-r_a)^2} +$$

$$\left. \left. + \frac{(r-r_a)^2}{4r} \left(\text{arsh} \sqrt{\frac{(2\rho_m-s)^2 - 4(r-r_a)^2}{(r-r_a)^2}} - \text{arsh} \sqrt{\frac{(2\rho_m+s)^2 - 4(r-r_a)^2}{(r-r_a)^2}} \right] dr \right\}$$

Die exakte Lösung dieses Integrals ist recht aufwendig. Mit
Hilfe der Simpsonschen Näherungsmethode lassen sich bei entsprechend häufiger Unterteilung des Integrationsintervalls
gute Näherungslösungen ermitteln. Diese können mit geringem
Aufwand auf einer Rechenanlage berechnet werden [11]. Die Auswertung des Integrals ist ein Teil eines Programmes, das die
erforderliche Kraft in Abhängigkeit vom Stempelweg berechnet.
Aus den Gleichungen (4) und (5) ergibt sich die Grundformel
zur Berechnung der Reibleistung am Ziehradius:

$$P_R = \int_{A_R} \left| \mu \, k_f \, v_{rel} \right| \, dA_R \tag{23}$$

Für diesen Fall der Berechnung werde angenommen, daß μ und k_f
unabhängig von den anderen Variablen und damit konstante
Größen sind. Für die Relativgeschwindigkeit gelte die Be-
ziehung:

$$v_{rel} = v_{St} \frac{r_i + s}{r} \tag{24}$$

Damit ergibt sich für die Gleichung (23):

$$P_R = \mu \, k_f \, (r_i + s) \, v_{St} \int_{A_R} \frac{1}{r} \, dA_R \tag{23 a}$$

Die Berechnung des Flächenelements an der Ziehkante führt auf

$$dA_R = r \sqrt{1 + \left(\frac{dz}{dr} \right)^2} \, d\alpha \cdot dr \tag{25}$$

Als Funktion $z(r)$ ist der Kreis um $(r_a, \varrho_m + s/2)$ mit dem Radius $(\varrho_m - s/2)$ einzusetzen. Aus dieser Bedingung und den Gleichungen (25) und (23 a) ergibt sich die Reibleistung wie folgt

$$P_R = \mu \, k_f \, (r_i + s) \, v_{St} \, (2\varrho_m - s) \int_{r_i + s}^{r_a} \int_0^{2\pi} \frac{d\alpha \, dr}{\sqrt{(2\varrho_m - s)^2 - 4 \, (r - r_a)^2}}$$

Nach [11] ist die Lösung dieses Integrals:

$$P_R = \mu \, k_f \, (r_i + s) \, v_{St} \, (2\varrho_m - s) \, \pi^2 / 2 \tag{26}$$

1.2.4 Reibung in der Zarge

Die Zarge ist in Bild 3 als Bereich III bezeichnet. Für die Umformverhältnisse in der Zarge werden folgende Annahmen getroffen:

1. In der Zarge finden keine Umformungen mehr statt.
2. Die Relativgeschwindigkeit zwischen Stempel und Werkstück ist gleich 0.
3. Die Relativgeschwindigkeit zwischen Werkstück und Matrize sei gleich der Stempelgeschwindigkeit, daraus folgt eine Reibkraft.
4. Die konstruktive Gestaltung der Matrize bewirkt, daß die Zarge je nach Höhe des Ziehteils und Bemessung des Ziehspalts nur zu einem Teil an der Matrize anliegt. Der Ziehspalt wird nicht berücksichtigt und es wird angenommen, daß über den gesamten Bereich des kleinsten Matrizendurchmessers der Werkstoff an der Matrize anliegt.

Der Berechnung liegen die Gleichungen (4) und (5), sowie
die Aussage $v_{rel} = v_{St}$ zugrunde:

$$P_R = \mu \; k_f \; v_{St} \int_{A_R} dA_R$$

Daraus ergibt sich:

$$P_R = \mu \; k_f \; v_{St} \; 2 \pi \; (r_i + s) \; (z - \rho_m - \tfrac{3}{2} s - r_B) \tag{27}$$

Diese Reibung tritt zum ersten Mal auf, wenn der Stempel
den Weg ($\rho_m + r_B + \tfrac{3}{2}$ s) zurückgelegt hat, d. h. wenn die
Ziehkante und der Bodenradius im Ziehteil ausgebildet sind und
sich gerade die Zarge zu bilden beginnt. Die Reibkraft bleibt
ab dem Augenblick konstant, wenn die Zargenfläche größer wird
als die Berührfläche zwischen Matrize und Zarge.

1.2.5   Berechnung der Gesamtkraft

Die Gesamtkraft setzt sich nach Gleichung (1) und $F = \dfrac{P}{v}$
aus den Einzelkräften additiv zusammen. Zur Berechnung dieser Kräfte in Abhängigkeit vom Stempelweg ist der augenblick-
liche Außendurchmesser des Flansches von entscheidender Bedeutung. Über die Bedingung der Volumenkonstanz läßt sich

1. Das Gesamtvolumen der Ausgangsplatine:

$$V_O = RA^2 \pi \; s \tag{28}$$

2. Das Volumen im Flansch (Bereich I):

$$V_I = \pi \; s \; (R^2 - r_a^2) \tag{29}$$

3. Das Volumen im Bereich II, der Ziehkante:

$$V_{II} = 2 \pi \int_r r \; (Z_o - Z_u) \; dr \tag{30}$$

berechnen.

Dabei ist Z_o der Kreis um $(\wp_m + \frac{s}{2}, r_a)$ mit dem Radius $(\wp_m - \frac{s}{2})$ und Z_u der Kreis um $(\wp_m + \frac{s}{2}, r_a)$ mit dem Radius $(\wp_m + \frac{s}{2})$. Das Gebiet, über das integriert werden soll, wird in zwei Teile aufgeteilt. Das Integral hat dann folgendes Aussehen:

$$V_{II} = \pi \left[\int_{r_i}^{r_i+s} r \sqrt{(2\wp_m + s)^2 - 4(r - r_a)^2} \, dr + \right. \tag{31}$$

$$\left. + \int_{r_i+s}^{r_a} \left(r \sqrt{(2\wp_m+s)^2 - 4(r-r_a)^2} - r \sqrt{(2\wp_m-s)^2 - 4(r-r_a)^2} \right) dr \right]$$

4. Das Volumen im Bereich III, der Zarge:

$$V_{III} = 2\pi r_i \, s \, h_{Za} \tag{32}$$

5. Das Volumen im Bereich IV, dem Stempelradius:

Der Gang der Berechnung entspricht Bereich II. Als untere Grenze fungiert der Kreis um $(r_i - r_B, 0)$ mit dem Radius r_B und als obere Grenze der Kreis um $(r_i - r_B, 0)$ mit dem Radius $(r_B + s)$.

$$V_{IV} = \pi \left[\int_{r_i}^{r_i+s} r \sqrt{(r_B + s)^2 - (r - r_i + r_B)^2} \, dr + \right.$$

$$\left. + \int_{r_i}^{r_i-r_a} r \left(\sqrt{(r_B+s)^2 - (r-r_i+r_B)^2} - \sqrt{r_B^2 - (r_B-r_i+r)^2} \right) dr \right] \tag{33}$$

6. Das Volumen im Bereich V, dem Stempelboden:

$$V_V = \pi (r_i - r_B)^2 \, s, \tag{34}$$

Damit ergibt sich für den augenblicklichen Außendurchmesser 2R aus

$$V_O = V_I + V_{II} + V_{III} + V_{IV} + V_V$$

sowie auch aus den Gleichungen (28), (29), (30), (31), (32), (33) und (34):

$$2\,R = 2\,\sqrt{RA^2 + r_a^2 - \frac{V_{II} + V_{IV}}{\pi\,d} - 2\left(r_i + \frac{s}{d}\right)\left(z - \rho_m - \frac{3}{2}s - r_B\right) - \left(r_i - r_B\right)^2} \qquad (35)$$

Die Volumina $V_{II} + V_{IV}$ werden wiederum nach der Simpsonschen Regel numerisch ausgewertet.

Für die Ermittlung der Gesamtkraft wurde ein Programm in ALGOL 60 ausgearbeitet.

1.2.6   Beurteilung der Berechnung

Die Berechnung des Kraftverlaufes setzt voraus, daß das Ziehteil ohne zu versagen den Tiefziehvorgang übersteht. Die Rechnung setzt aber erst in einem Punkt ein, in dem ein Teil der Umformung schon bewerkstelligt ist, nämlich dann, wenn Ziehring- und Stempelradius im Blech ausgebildet sind. Zu diesem Zeitpunkt ist ein Großteil des Anstiegs im Kraft-Weg-Verlauf schon erfolgt. Das Kraftmaximum jedoch ist noch nicht erreicht. Nach ZÜNKLER [12] ist für den Kraftanstieg bis zum Maximum hauptsächlich die Verfestigung des Werkstoffes verantwortlich, während nach Erreichen der größten Kraft die Durchmesserabnahme des Flansches dominiert. Im Bereich der Maximalkraft kommt es also zum Zusammenspiel mehrerer Faktoren.

Die Berechnung der Umformkraft im Bereich des Flansches berücksichtigt die zur Umformung erforderliche Leistung. Die Verfestigung wird nur insofern berücksichtigt, als man einen mittleren k_f-Wert annimmt, der sich aus den minimalen und maximalen Formänderungen ergibt.

Der mittlere k_f-Wert ist also während des betrachteten Umformvorgangs konstant und damit geht die tatsächlich auftretende Verfestigung nicht in die Rechnung ein. Als Folge davon ergibt sich eine mit zunehmendem Stempelweg kleiner werdende Umformkraft im Flansch.

Die in diesem Bereich auftretende Reibkraft wird über die geometrischen Verhältnisse, und von Werkstoff und Schmierung abhängige Bedingungen berechnet.

Die Auswirkung eines größeren oder kleineren Niederhalterdrucks muß über die Veränderung des Reibwerts in die Berechnung mit aufgenommen werden. - In der vorliegenden Herleitung geht man aber von einem konstanten Reibwert aus. Weil bei der Umformkraft an der Ziehkante der Einfluß der vom Radius abhängigen Verfestigung ohne Belang für die Berechnung bleibt, ist diese Kraft konstant und unabhängig vom Stempelweg. Auch die Reibkraft bleibt an dieser Stelle, während der Berechnung des Umformvorgangs, konstant.

Die in der Zarge auftretenden Reibkräfte stimmen nur dann mit den wirklichen überein, wenn der Ziehspalt eng ist, das Material an der Matrize anliegt und wenn man Mischreibung zugrunde legt. Durch Wahl der Randbedingungen läßt sich ein Kraftverlauf ermitteln, der als obere Schranke durchaus verwertbar ist. In Bild 7 werden die nach dem Verfahren der oberen Schranke mit der von SIEBEL aufgebauten Formel [13] und aus dem Experiment ermittelte Kraft-Weg-Verläufe einander gegenübergestellt. Bevor allerdings diese Methode allgemeine Anwendung finden kann, müssen die Verfestigungseinflüsse auf die Umformung in Flansch und Ziehkante näher untersucht werden und die vorliegende Berechnung dahingehend abgewandelt werden.

1.3 Theorie der Gleitlinienmethode

1.3.1 Allgemeines

Als wirksame Technik zur Lösung komplexer Probleme des plastischen Fließens ist die Gleitlinienmethode schon lange bekannt. Erste Arbeiten darüber erschienen von M. LÉVY (1871),

H. PRANDTL und H. HENCKY [14], weitere Entwicklungen dieser
Methode folgten [15 bis 20].

Die Lösungsmethode der Gleitlinientheorie besteht in der Er-
richtung des jeweils zulässigen Feldes aus Linien maximaler
Schubspannung, die als Gleitlinien bezeichnet werden.Diese
Linien sind die Charakteristiken der Differentialgleichungen
des Gleichgewichts und erlauben die Bestimmung der Spannungs-
und Formänderungsgeschwindigkeitsverteilung im umzuformenden
Körper.

Die Gleitlinienmethode erfährt ihre Begrenzung dadurch, daß
gewisse Voraussetzungen vom Werkstoff erfüllt werden müssen
und strenggenommen nur ebene Verzerrungsprobleme in Angriff
genommen werden können. Als nützlich hat sich diese Theorie
zur Untersuchung von industriellen Produktionsverfahren wie
Blechziehen, Strangpressen, Walzen und Schmieden erwiesen.

In dieser Arbeit soll die Gleitlinienmethode auf das Tiefziehen unregelmäßiger Blechteile angewandt werden.

1.3.2   Einschränkende Vereinbarungen

Einschränkende Vereinbarungen der Gleitlinientheorie [21, 22]
sind:

- Vorausgesetzt wird ein i s o t r o p e r Werkstoff, der
  sich entsprechend dem v. Misesschen Werkstoffmodell
  s t a r r - i d e a l p l a s t i s c h verhält und bei der
  Umformung k e i n e V e r f e s t i g u n g erfährt.
  Diese vereinfachende Forderung kann natürlich bei einem rea-
  len Werkstoff nicht erfüllt werden, doch wir erhalten damit
  gute Näherungslösungen für erforderliche Umformkräfte und
  die Formänderungen.

- Die Zeit oder die U m f o r m g e s c h w i n d i g k e i t
  sollen keinen Einfluß auf den Umformvorgang haben. Im allgemeinen ist in jedem Punkt eines Körpers die Umformgeschwin-
  digkeit verschieden, aber die Auswirkung, die dies auf das
  Fließen haben kann, wird vernachlässigt.

Außerdem sollen k e i n e i n n e r e n K r ä f t e
wirken und die Probleme als q u a s i s t a t i s c h
betrachtet werden.

- Ein Großteil der für den Umformvorgang benötigten Energie
  wird im Werkstoff als Wärme frei und kann die W e r k -
  s t o f f e i g e n s c h a f t e n des Körpers oder gewisse physikalische Eigenschaften in seiner Umgebung, wie
  z.B. die Schmierung, beeinflussen.

  Die Wärmegradienten selbst erzeugen W ä r m e s p a n -
  n u n g e n , die hier nicht in Betracht gezogen werden
  sollen.

- Zwischen einem plastischen und einem elastischen Werkstoff-
  bereich existiert keine Übergangszone. Der Wechsel vom
  elastischen in den plastischen Zustand erfolgt beim Überschreiten einer Grenzlinie.

- Die Gleitlinienmethode gilt strenggenommen nur für
  e b e n e Verzerrungsprobleme, bei denen die Geschwindigkeiten und Spannungen in einer Ebene liegen und unabhängig von der dritten Koordinatenachse sind. Zudem ist sie
  auch bei der Lösung rotationssymmetrischer Aufgaben anwendbar.

1.3.3   Ebener Formänderungszustand

Ein ebener Formänderungszustand tritt dann auf, wenn

- die Formänderungen in einem Körper überall parallel zu
  einer Ebene (x, y) in einem rechtwinkligen Koordinatensystem x, y, z (Bild 8) liegen und

- der Formänderungs- und Spannungszustand von z unabhängig
  ist (so können rotationssymmetrische Probleme als zweidi-
  mensionale betrachtet werden, aber nicht als ebene, weil
  der Werkstofffluß nicht unabhängig von z stattfindet [21]).

Der Tensor der Verzerrungsgeschwindigkeiten hat somit die

Form [23]:

$$V = \begin{vmatrix} \dot{\varepsilon}_x & \dot{\varepsilon}_{xy} & 0 \\ \dot{\varepsilon}_{yx} & \dot{\varepsilon}_y & 0 \\ 0 & 0 & 0 \end{vmatrix} \tag{36}$$

Nach dem v. Misesschen Stoffgesetz gilt [23]:

$$\dot{\varepsilon}_z = \lambda \, (\sigma_z - \sigma_m) \tag{37}$$

und wegen $\dot{\varepsilon}_z = 0$ ergibt sich:

$$\sigma_z = \sigma_m \tag{38}$$

Weiter gilt:

$$\dot{\varepsilon}_{xz} = \lambda \, \tau_{xz} = 0 \tag{39}$$

damit ist

$$\tau_{xz} = 0$$

und

$$\tau_{yz} = 0.$$

Die restlichen von Null verschiedenen Spannungskomponenten σ_x, σ_y, σ_z und τ_{xy} sind von z unabhängig. Nach Bild 9 gilt für sie folgende Vorzeichenregel: fällt die äußere Normale des Elementarrechtecks mit der positiven Richtung der Koordinatenachse zusammen, so hat die betreffende Spannungen positives Vorzeichen.

Die mittlere Normalspannung ist:

$$\sigma_m = 1/3 \, (\sigma_x + \sigma_y + \sigma_z) \tag{40}$$

Wegen Gleichung (38) wird:

$$\sigma_z = 1/2 \, (\sigma_x + \sigma_y) \tag{41}$$

Also sind die Komponenten des Spannungsdeviators gegeben durch:

$$s_x = \sigma_x - \sigma_m = 1/2 \ (\sigma_x - \sigma_y)$$
$$s_y = \sigma_y - \sigma_m = 1/2 \ (\sigma_y - \sigma_x) \qquad (42)$$
$$s_{xy} = \tau_{xy}$$

Die von Misessche Fließbedingungen für den oberen Formänderungszustand lautet demnach:

$$k^2 = 1/4 \ (\sigma_x - \sigma_y)^2 + \tau_{xy}^2 \qquad (43)$$

Es stellt sich heraus, daß sich mit der Fließbedingung von
Tresca gleichfalls die Gleichung (43) ergibt [15].

Die Differentialgleichungen des Gleichgewichts vereinfachen
sich für den ebenen Formänderungszustand auf [23]:

$$\frac{\partial \sigma_x}{\partial x} + \frac{\partial \tau_{xy}}{\partial y} = 0, \qquad \frac{\partial \tau_{xy}}{\partial x} + \frac{\partial \sigma_y}{\partial y} = 0 \qquad (44)$$

Die Gleichungen (43) und (44) bilden ein System von drei
Gleichungen mit drei Unbekannten: σ_x, σ_y und τ_{xy}. Bei geeigneten Randbedingungen lassen sich diese Gleichungen lösen.
Solche Probleme, bei denen die Spannungsverteilung beim ebenen plastischen Fließen ohne Verwendung der Spannungs-Deh-
nungsbeziehungen ermittelt werden kann, nennt man s t a -
t i s c h   b e s t i m m t e Probleme.

Zur Lösung der oben genannten Gleichungssysteme ist die Metho-
de der Chrakteristiken [24] (Gleitlinienmethode) anwendbar.
Nach BACKOFEN [25] besteht aus folgenden Gründen ein
Interesse an dieser Verformungsart:

- Jeder Zuwachs an ebener Formänderung ist ein reiner Schub
  mit d ε_2 = 0, d ε_1 = - d ε_3 und einem zugehörigen Mohrschen Kreis, wie in Bild 10.

- Das damit verbundene Spannungssystem weist ebenso reinen
  Schub mit überlagerter hydrostatischer Spannung auf. Ist
  d ε_2 = 0, so wird die mittlere Spannung σ_2 = (σ_1 + σ_3)/2
  gleich einer hydrostatischen Spannung σ_m, die zu einer
  Schubspannung τ = (σ_1 - σ_3)/2 = $\pm \sigma$ addiert werden kann,
  um den wirklichen Spannungszustand (Bild 11) zu erhalten.

- Fließen tritt bei einem Grenzwert der maximalen Schubspannung auf. Anders ausgedrückt:

$$\sigma_1 - \sigma_3 = 2k$$

- Die Gleichungen für das Spannungsgleichgewicht verringern sich zu einer besonders handlichen Form für Änderungen von σ_m überall im plastischen Bereich. Und da der reine Schubanteil des Spannungssystems sich nicht verändern kann (wegen Nicht-Verfestigung), ist die Größe aller Komponenten bekannt, wenn σ_m ermittelt wurde.

Die Verformung beim ebenen Formänderungszustand kann auch durch ein Gleitlinienfeld dargestellt werden. Zum Zeichnen des Feldes setzt man d$\varepsilon_2 = 0$ und stellt sich zwei orthogonale Kurvenscharen in der Fließebene (1-3-Ebene) vor, von denen jede Spuren der Oberfläche repräsentiert, unter rechtem Winkel zur betrachteten Ebene. Die Richtungen der Kurven werden so gewählt, daß sie in jedem Punkt mit der Richtung der maximalen Schubspannung übereinstimmen. Dabei haben sie gleichzeitig denselben Verlauf wie die Formänderung oder Formänderungsgeschwindigkeit, da alle im isotropen Material zusammenfallen. Das Ergebnis ist ein Feld von Schubspannungs- oder Gleitlinien.

Diese Linien sind grundsätzlich makroskopischer Art. Physikalisch sind sie mit den Lüderslinien in weichem Stahl verwandt; mit den kristallographischen Gleitlinien besteht jedoch kein direkter Zusammenhang.

1.3.4   <u>Gleitlinien</u>

Beim Berechnen der Spannungen, die auf einem beliebigen Flächenelement senkrecht zur Fließebene übertragen werden, soll die in Bild 12 dargestellte Vorzeichenregel nach [9] gelten.

Die Normalspannung $\sigma_{\alpha 1}$ und die Schubspannung $\tau_{\alpha 1}$ ergeben sich dann zu (23, 15):

$$\sigma_{\alpha 1} = \sigma_x \cos^2\alpha_1 + \sigma_y \sin^2\alpha_1 + 2\tau_{xy} \cos\alpha_1 \sin\alpha_1$$

und

$$\tau_{\alpha 1} = (\sigma_x - \sigma_y)\,\sin\alpha_1\,\cos\alpha_1 + \tau_{xy}\,(\sin^2\alpha_1 - \cos^2\alpha_1)$$

Diese Gleichungen können nach MOHR in einem σ, τ-Koordinaten-system durch einen Kreis mit dem Radius $\sqrt{1/4\,(\sigma_x - \sigma_y)^2 + \tau^2}$ um den Mittelpunkt mit den Koordinaten $((\sigma_x + \sigma_y)/2,\ 0)$ dargestellt werden (Bild 13 a).

Die Punkte des Kreises repräsentieren die Spannungen $\sigma_{\alpha 1}$ und $\tau_{\alpha 1}$ für jeden beliebigen Winkel α_1. Somit kann dieser Kreis als Darstellung des Spannungszustandes im betrachteten Punkt aufgefaßt werden.

Die Abszisse des Mittelpunktes des Mohrschen Kreises ist wegen Gleichung (38) und (41) für einen beliebigen Punkt in der Fließebene gleich der mittleren Normalspannung in diesem Punkt. Der Radius des Kreises ist gleich der Schubfließgrenze k.

In Bild 13 a sind einige besondere Punkte mit Großbuchstaben bezeichnet. Die entsprechenden Flächenelemente und die durch sie übertragenen Spannungen zeigt Bild 13 b.Durch M und $\overline{M}$ sind Punkte gekennzeichnet, in deren zugehörigen Flächen-elementen k e i n e S c h u b s p a n n u n g e n wirken und die Normalspannungen ihren größten und kleinsten Wert annehmen.

Schneiden wir die Ebene, in der die größte Normalspannung auftritt mit der x, y-Ebene, so bezeichnet man die Richtung der Schnittlinie als e r s t e H a u p t r i c h t u n g.

Die Ebene, in der die kleinste Normalspannung auftritt, kennzeichnet entsprechend die z w e i t e H a u p t r i c h - t u n g .

Die Richtungen, in denen Extremwerte der Schubspannung und Normalspannungen des Betrages σ_m auftreten (in Bild 13 b durch S und T bezeichnet), werden G l e i t r i c h t u n - g e n genannt.

Die e r s t e G l e i t r i c h t u n g wird aus der

ersten Hauptrichtung durch eine Drehung um 45 ° entgegen dem
Uhrzeigersinn erhalten, die z w e i t e   G l e i t r i c h -
t u n g   durch eine gleichartige Drehung aus der zweiten
Hauptrichtung.

Kurven, die in jedem ihrer Punkte die erste oder zweite Gleitrichtung als Tangentenrichtung haben, sollen als e r s t e
bzw. z w e i t e   G l e i t l i n i e n   bezeichnet werden. Diese bilden durch orthogonale Kurvenscharen das
sogenannte G l e i t l i n i e n n e t z .

1.3.5   <u>Charakteristiken</u>

Die Methode zur formalen Lösung des durch die Gleichungen
(43) und (44) verkörperten Gleichungssystems sei nach [19]
im folgenden erklärt:

Wegen der Fließbedingung (Gl. (43)) ist die Differenz der
Hauptnormalspannungen eine Konstante. Ihre Summe kann durch
eine neue <u>dimensionslose Variable ω</u> wie folgt ausgedrückt
werden:

$$1/2 \ (\sigma_1 - \sigma_2) = k, \quad \sigma_m = 1/2 \ (\sigma_1 + \sigma_2) = 2 \, k \, \omega \qquad (45)$$

Über die Umwandlungsformeln (19):

$$\begin{aligned}
\sigma_x &= 1/2 \ (\sigma_1 + \sigma_2) + 1/2 \ (\sigma_1 - \sigma_2) \cos 2\alpha \\
\sigma_y &= 1/2 \ (\sigma_1 + \sigma_2) - 1/2 \ (\sigma_1 - \sigma_2) \cos 2\alpha \\
\tau_{xy} &= 1/2 \ (\sigma_1 - \sigma_2) \sin 2\alpha
\end{aligned} \qquad (45')$$

ergeben sich die Spannungskomponenten in der Form nach M. LEVY

$$\begin{aligned}
\sigma_x &= k \ (2 \, \omega + \cos 2\alpha) \\
\sigma_y &= k \ (2 \, \omega - \cos 2\alpha) \\
\tau_{xy} &= k \sin 2\alpha
\end{aligned} \qquad (46)$$

wobei α der Winkel zwischen der Richtung der Hauptnormalspannung σ_1 und der x-Achse ist. Verwenden wir an Stelle von
α den Winkel ϑ (Bild 14), den die Gleitrichtungen mit der
x-Achse einschließen,

$$\vartheta = \alpha + 45° \qquad \text{(für 1. Gleitrichtung)}$$
$$\vartheta = \alpha - 45° \qquad \text{(für 2. Gleitrichtung)}$$

so erhalten wir:

$$\sigma_x = k\,(2\omega + \sin 2\vartheta)$$
$$\sigma_y = k\,(2\omega - \sin 2\vartheta)$$
$$\tau_{xy} = - k \cos 2\vartheta$$

$$(46')$$

Damit ist das Gleichungssystem (46) nach [19] mit dem bei [15] abgeleiteten (Gln. (46')) identisch.

Wir setzen jetzt die Gln. (46), die auch die Fließbedingungen (Gl. (46)) erfüllen, in Gl. (44) ein:

$$\frac{\partial (k\,(2\omega + \cos 2\alpha))}{\partial x} + \frac{\partial (k\,\sin 2\alpha)}{\partial y} = 0$$

$$\frac{\partial (k\,\sin 2\alpha)}{\partial x} - \frac{\partial (k\,(2\omega - \cos 2\alpha))}{\partial y} = 0$$

nach Differentiation:

$$2k\,\frac{\partial \omega}{\partial x} - \sin 2\alpha\,2k\,\frac{\partial \alpha}{\partial x} + \cos 2\alpha\,2k\,\frac{\partial \alpha}{\partial y} = 0$$

$$2k \cos 2\alpha\,\frac{\partial \alpha}{\partial x} + 2k\,\frac{\partial \omega}{\partial y} + \sin 2\alpha\,2k\,\frac{\partial \alpha}{\partial y} = 0$$

Nach dem Kürzen bekommen wir das sogenannte Grundgleichungssystem nach M. LEVY:

$$\frac{\partial \omega}{\partial x} - \sin 2\alpha\,\frac{\partial \alpha}{\partial x} + \cos 2\alpha\,\frac{\partial \alpha}{\partial y} = 0$$

$$(47)$$

$$\frac{\partial \omega}{\partial y} + \sin 2\alpha\,\frac{\partial \alpha}{\partial y} + \cos 2\alpha\,\frac{\partial \alpha}{\partial x} = 0$$

Durch Ersetzen des Winkels α durch den Winkel ϑ nach Bild 14 entstehen die Gleichungen nach W. PRAGER und P. G. HODGE [15], die sowohl für den ebenen Formänderungszustand, als auch für den ebenen Spannungszustand [24] gelten:

$$\frac{\partial \omega}{\partial x} + \cos 2\vartheta \frac{\partial \vartheta}{\partial x} + \sin 2\vartheta \frac{\partial \vartheta}{\partial y} = 0$$

$$\frac{\partial \omega}{\partial y} - \cos 2\vartheta \frac{\partial \vartheta}{\partial y} + \sin 2\vartheta \frac{\partial \vartheta}{\partial x} = 0 \tag{47'}$$

Nunmehr muß versucht werden, die Werte der ersten partiellen Differentialquotienten der gesuchten Lösung für das obige Gleichungssystem (47) aus den Koordinaten irgend einer Kurve y = y (x) in der x, y-Ebene zu bestimmen.

Die Differentialgleichungen:

$$d\omega = \frac{\partial \omega}{\partial x} dx + \frac{\partial \omega}{\partial y} dy$$

$$d\alpha = \frac{\partial \alpha}{\partial x} dx + \frac{\partial \alpha}{\partial y} dy \tag{48}$$

gelten entlang der erwähnten Kurve. Beim Lösen der Gln. (48) mit den Gln. (47) erhält man [19, 24]

$$-\frac{\partial \omega}{\partial x} = \frac{d\alpha \, dy + d\omega \, (\cos 2\alpha \, dx + \sin 2\alpha \, dy)}{\cos 2\alpha \, [dy - dx \, \tan \, (\alpha + \pi/4) \,] \, [dy - dx \, \tan(\alpha - \pi/4)]} \tag{49}$$

und analoge Ausdrücke für die übrigen Differentialquotienten.

Wird der Winkel α durch ϑ ersetzt, so nehmen die Differentialquotienten folgende Form an [26]:

$$\frac{\partial \omega}{\partial x} = \frac{d\omega \, dy \cos 2\vartheta - d\omega \, dx \sin 2\vartheta - 2k \, dy \, d\vartheta}{\sin 2\vartheta \, (dy - dx \tan\vartheta) \, (dy + dx \cot\vartheta)}$$

$$\frac{\partial \omega}{\partial y} = \frac{d\omega \, dy \sin 2\vartheta + d\omega \, dx \cos 2\vartheta + 2k \, dx \, d\vartheta}{\sin 2\vartheta \, (dy - dx \tan\vartheta) \, (dy + dx \cot\vartheta)} \tag{49'}$$

$$\frac{\partial \vartheta}{\partial x} = \frac{-d\omega \, dy/2k - d\vartheta \, dx \sin 2\vartheta + d\vartheta \, dy \cos 2\vartheta}{\sin 2\vartheta \, (dy - dx \tan\vartheta) \, (dy + dx \cot\vartheta)}$$

$$\frac{\partial \vartheta}{\partial y} = \frac{d\omega \, dx/2k + d\vartheta \, dx \cos 2\vartheta + d\vartheta \, dy \sin 2\vartheta}{\sin 2\vartheta \, (dy - dx \tan\vartheta) \, (dy + dx \cot\vartheta)}$$

Für den Fall, daß die Nenner der rechten Seite dieser Gleichungen von Null verschieden sind, werden die Werte der Differentialquotienten entlang der Kurve y = y (x) durch Gl. (49)
und (49') eindeutig bestimmt.

Gehen Nenner und Zähler gemeinsam gegen Null, so sind die
Werte der Differentialquotienten entlang der Kurve y = y (x)
nicht eindeutig - die Kurve heißt dann C h a r a k t e r i -
s t i k [19].

Falls der Zähler von Null verschieden ist und der Nenner gegen Null geht, ist die Kurve die Bruchlinie [19].

Um die Charakteristiken zu ermitteln, lassen wir Zähler und
Nenner eines jeden Bruchs der Gln. (49) oder (49') gegen Null
gehen. Wir erhalten [19] das kanonische System:

$$\frac{dy}{dx} = \tan\ (\alpha + \pi/4) = \tan\vartheta\ ,\ \omega + \alpha = \text{const.}$$

$$\frac{dy}{dx} = \tan\ (\alpha - \pi/4) = -\cot\vartheta, \omega - \alpha = \text{const.} \tag{50}$$

Hiermit sind zwei Scharen von Charakteristiken bestimmt.

Das Grundgleichungssystem, bestehend aus den Gln. (47), hat
also zwei verschiedene Scharen reeller Charakteristiken und gehört damit zu den "hyperbolischen Differentialgleichungen".

Aus den Gln. (50) erkennt man, daß die Tangenten an die Charakteristiken unter dem Winkel $\alpha = \pm\ \pi/4$ zur x-Achse geneigt sind,
d. h. unter demselben Winkel wie die Gleitlinien, woraus [49]
unmittelbar folgt, daß die Charakteristiken der x, y-Ebene
identisch mit den Gleitlinien sind.

Durch die Parameter $\alpha^* = \alpha^*$ (x, y) = const. (Bild 15) und
$\beta^* = \beta^*$ (x, y) = const. bestimmen wir die Gleichungen der ersten
und der zweiten Schar der Charakteristiken. Im plastischen
Bereich der x, y-Ebene gehen durch jeden Punkt zwei Charakteristiken, die sich rechtwinklig schneiden.

An Stelle eines orthogonalen Systems krummliniger Koordinaten

in der x,y-Ebene benützen wir das Netz der Charakteristiken
(Gleitliniennetz) und betrachten die Größen x, y, ω, α als
Funktionen von α^* und β^*.

Zweckmäßigerweise führen wir neue Variablen ein, die mit α
und ω durch die Gleichungen:

$$\xi = \omega + \alpha \qquad\qquad \eta = \omega - \alpha$$

oder

$$2\omega = \xi + \eta \qquad\qquad 2\alpha = \xi - \eta \tag{51}$$

verbunden sind.

Die Charakteristikengleichungen (50) ergeben sich damit zu:

$$\frac{\partial y}{\partial \beta^*} = \tan\,(\alpha + \pi/4)\,\frac{\partial x}{\partial \beta^*} \;,\qquad \frac{\partial y}{\partial \alpha^*} = \tan\,(\alpha - \pi/4)\frac{\partial x}{\partial \alpha^*}$$

$$\omega + \alpha = \xi = \xi\,(\alpha^*) \qquad\qquad ,\; \omega - \alpha = \eta = \eta\,(\beta^*) \tag{52}$$

Dieses Gleichungssystem läßt sich durch Ersetzen der Para-
meter α^* und β^* durch ξ und η in dieser Form schreiben [19]:

$$\frac{\partial y}{\partial \eta} = \tan\,(\alpha + \pi/4)\,\frac{\partial x}{\partial \eta} = \tan\,\vartheta\,\frac{\partial x}{\partial \eta}$$

$$\frac{\partial y}{\partial \xi} = \tan\,(\alpha - \pi/4)\,\frac{\partial x}{\partial \xi} = -\cot\,\vartheta\,\frac{\partial x}{\partial \xi} \tag{53}$$

Die Lösung der Gleichungen erfolgt durch Bestimmung der gesuchten Funktionen in einer endlichen Anzahl von Knotenpunkten eines Charakteristikennetzes (Gleitliniennetzes).

Die Charakteristiken der ersten Schar erhalten dabei die Indizes k = 0, 1, 2, ..., die der zweiten Schar die Indizes
l = 0, 1, 2 ... (Bild 16). Nach numerischer Integration erhält man die Differenzengleichungen [13]:

$$y_{k,l} - y_{k,l-1} = (x_{k,l} - x_{k,l-1})\tan\,(\alpha_{k,l-1} + \pi/4)$$

$$\tag{54}$$

$$y_{k,l} - y_{k-1,l} = (x_{k,l} - x_{k-1,l})\tan\,(\alpha_{k-1,l} - \pi/4)$$

Löst man diese nach $x_{k,1}$ und $y_{k,1}$ auf, so findet man folgende Rekursionsformeln:

$$x_{k,1} = \frac{y_{k-1,1} - y_{k,1-1} + x_{k,1-1}\tan(\alpha_{k,1-1} + \pi/4) - x_{k-1,1}\tan(\alpha_{k-1,1} - \pi/4)}{\tan(\alpha_{k,1-1} + \pi/4) - \tan(\alpha_{k-1,1} - \pi/4)}$$

$$y_{k,1} = y_{k-1,1} + (x_{k,1} - x_{k-1,1})\tan(\alpha_{k-1,1} - \pi/4) \qquad (55)$$

Sie geben die Koordinaten der Schnittpunkte der Charakteristiken an. Mit den Randwerten ω , α, x, y erhält man aus den Gleichungen (51) und (55) die Größen $x_{k,1}$, $y_{k,1}$, $\omega_{k,1}$, $\alpha_{k,1}$. Die Spannungskomponenten $\sigma_{x(k,1)}$, $\sigma_{y(k,1)}$, $\tau_{xy(k,1)}$ ergeben sich aus den Gln. (46).

1.3.6 <u>Geschwindigkeitsgleichungen</u>

Nachdem man ein Gleitliniennetz konstruiert hat, das den Spannungsrandbedingungen genügt, untersucht man, ob ein zulässiges Geschwindigkeitsfeld existiert, das die Gleichgewichtsbedingungen erfüllt und ob der starre Werkstoff außerhalb des Gleitlinienfeldes nicht so hohen Spannungen unterliegt, daß dort Fließen auftritt.

Das zulässige Geschwindigkeitsfeld wird [21, 27] H o d o - g r a p h genannt.

Entsprechend der Definition der Gleitlinien, daß nur maximale Schubspannungen entlang der Gleitlinien existieren und die Normalspannung gleich der Mittelspannung σ_m ist, kann keine Dehnung entlang der Gleitlinien stattfinden. Fasern, die in Gleitlinienrichtung liegen, sind nicht dehnbar und können nur Schiebungen unterliegen [15].

Nach Bild 17 läßt sich diese Bedingung ausdrücken durch:

$$\frac{dv_1}{ds_1} = 0 \qquad \text{und} \qquad \frac{dv_2}{ds_2} = 0 \qquad (56)$$

Bild 17 a) zeigt die Änderung der Geschwindigkeit v und

deren Komponenten v_1 und v_2 entlang einer (ersten) Gleitlinien.

Für den Fall, daß wir die Punkte P und Q, die durch die infi-
nitesimale Entfernung ds_1 getrennt sind, zusammenfallen lassen (Bild 17b), müssen die Dehnungen in Gleitlinienrichtung
verschwinden. Das bedeutet:

$$dv_1 - v_2 \sin d\vartheta = 0 \quad \text{entlang einer 1. Gleitlinie}$$
$$dv_2 + v_1 \sin d\vartheta = 0 \quad \text{entlang einer 2. Gleitlinie.} \tag{57}$$

Für kleine Winkel darf man $[\sin d\vartheta] \approx d\vartheta$ setzen. Wir erhalten damit die sogenannten   G e i r i n g e r s c h e n
G l e i c h u n g e n :

$$dv_1 - v_2 d\vartheta = 0 \quad \text{entlang einer 1. Gleitlinie}$$
$$dv_2 + v_1 d\vartheta = 0 \quad \text{entlang einer 2. Gleitlinie} \tag{58}$$

Die Geschwindigkeitskomponenten bestimmen wir aus den Gleichungen (58), sobald das Gleitliniennetz bekannt ist.

1.3.7 Bestimmung der optimalen Platinenform für Tiefzieh-
teile

Die plastische Umformung beim Tiefziehen einer Platine findet im Flansch statt, also in dem Bereich des Halbzeugs, der
von innen durch die Bodenform des Werkstücks und von außen
durch die optimale Form der Platine begrenzt wird.

1.3.7.1 Aufbau eines zulässigen Gleitliniennetzes

Für die partikulären Lösungen, die konstantem ξ und η nach
Gl. (51) entsprechen (das bedeutet, daß ω und ϑ konstant sind),
lassen sich die Charakteristikengleichungen (50) integrieren:

$$y = x \tan (\alpha + \pi/4) + C' \; (\overset{*}{\alpha})$$
$$y = x \tan (\alpha - \pi/4) + C'' \; (\overset{*}{\beta}) \tag{59}$$

wobei C' und C'' die Integrationskonstanten sind.

Das Charakteristikennetz der x, y-Ebene besteht also (für geradlinige Konturabschnitte) aus zwei orthogonalen Scharen paralleler Geraden:

$$\alpha^* = \text{const.}, \qquad \beta^* = \text{const.}$$

Weil die Spannungen vom gewählten Koordinatensystem unabhängig sind, wählen wir für die Rechnung bei geradlinigen Konturabschnitten Kartesische Koordinaten und bei nicht-geradlinigen Polarkoordinaten.

Die Differentialgleichungen des Gleichgewichts lauten mit den Polarkoordinaten r, θ [19]:

$$\frac{\partial \sigma_r}{\partial r} + \frac{1}{r} \frac{\partial \tau_{r\theta}}{\partial \theta} + \frac{\sigma_r - \sigma_\theta}{r} = 0$$

$$\frac{\partial \tau_{r\theta}}{\partial r} + \frac{1}{r} \frac{\partial \sigma_\theta}{\partial \theta} + \frac{2\tau_{r\theta}}{r} = 0 \tag{60}$$

und die Spannungskomponenten analog zu den Gln. (46):

$$\sigma_r = k (2\omega + \cos 2(\alpha - \theta))$$

$$\sigma_\theta = k (2\omega - \cos 2(\alpha - \theta)) \tag{61}$$

$$\tau_{r\theta} = k \sin 2(\alpha - \theta)$$

wobei $(\alpha - \theta)$ der Winkel zwischen der Richtung der Hauptnormalspannung σ_1 und dem Radius ist.

Wir wollen jetzt den einfachsten und für uns wichtigsten Fall betrachten, bei dem $\tau_{r\theta} = 0$ ist. Das entspricht einer polarsymmetrischen Spannungsverteilung. Mit einer beliebigen Konstanten B hat sie die Form [19]:

$$\sigma_r = k (\ln (r/B)^2 - 1)$$

$$\sigma_\theta = k (\ln (r/B)^2 + 1) \tag{62}$$

$$\sigma_{r\theta} = 0$$

Die Charakteristiken sind hier logarithmische Spiralen [19]:

$$r \, e^{\pm\theta} = \text{const.},$$

die die Radien unter 45° schneiden (Bild 18).

Für eine kreisbogenförmige Innenkontur eines Ziehteils mit dem Innenradius r_i hat diese Lösung nur in einem Bereich einen Sinn, der durch den Kreis mit Radius R gegeben ist $(r_i \leqslant r \leqslant R)$.

Die Spiralengleichungen haben dann die Form:

$$\theta + \ln (r/r_i) = C_1$$
$$\theta - \ln (r/r_i) = C_2 \tag{63}$$

wobei r der laufende Radius ist und 2θ der Mittelpunktswinkel des betrachteten Kreisausschnitts.

Auf der Winkelhalbierenden ist $\theta = 0$ und die Konstanten ergeben sich zu:

$$C_1 = \ln (R/r_i)$$
$$C_2 = -\ln (R/r_i) \tag{64}$$

Der größte zulässige Abstand der logarithmischen Spirale vom Mittelpunkt des Kreisbogens beträgt:

$$R_{max} = r_i \, e^{\theta} \tag{65}$$

Der Spannungszustand im Bereich einer kreisförmigen Kontur und das dazugehörende Gleitliniennetz sind in Bild 18 veranschaulicht.

Wir betrachten einen ebenen Formänderungszustand. Die Matrize sei durch einen gleichmäßigen Innendruck $-p$ belastet. Da an der Innenkontur keine Schubspannungen auftreten [19], sind die Normalspannungen in radialer Richtung (σ_r) und in tangentialer Richtung (σ_t) zur Kontur Hauptspannungen.

Die Trajektorien der Hauptnormalspannungen erzeugen somit ein Gitter aus Kreisen und dazu senkrecht stehenden Radien.

Wie bekannt, sind die Gleitlinien gegenüber den Trajektorien
der Hauptspannungen unter 45° geneigt, d. h. für unser Beispiel, daß jede Gleitlinie mit jedem beliebigen Radius, den
sie schneidet, einen Winkel von 45° bildet.

Eine Kurve, die alle von einem Ursprung 0 ausgehenden Strahlen unter dem gleichen Winkel schneidet, ist eine logarithmische Spirale.

Die Gleitlinien sind hier also durch logarithmische Spiralen
dargestellt, die für erste Gleitlinien der Gleichung:

$$R = r_i \, e^{\varphi} \qquad \text{oder} \quad \varphi = \ln R/r_i$$

genügen.

Hier wurde Θ durch die Winkelbezeichnung φ (Bild 18)
ersetzt, da 2Θ (als Winkel des Kreisausschnitts bei
einer kreisbogenförmigen Kontur) die Größe R_{max}
(nach Gl. (65)) bei diesem Beispiel nicht beeinflußt.
Würden wir $\varphi \equiv \Theta$ setzen, so dürften die logarithmischen Spiralen keinen größeren Abstand vom Kreis-
mittelpunkt haben als der Punkt P.

Für einen Punkt A der Innenkontur (Bild 18) lautet die Fließbedingung :

$$\sigma_{tA} - \sigma_{rA} = 2 \, k$$

mit $\sigma_{rA} = - p$ wird: $\sigma_{tA} = 2 \, k - p$

und die Mittelspannung:

$$\sigma_{mA} = \frac{\sigma_{tA} + \sigma_{rA}}{2} = \frac{2k - p - p}{2} = k - p$$

Für die Wahl eines Punktes P gilt [20].

$$\omega - \vartheta = \text{const.} \qquad \text{längs einer 1. Gleitlinie}$$
$$\omega + \vartheta = \text{const.} \qquad \text{längs einer 2. Gleitlinie}$$

und mit Gl. (45) erhält man:

$$\vartheta_{P} - 2k \, \vartheta_{P} = \sigma_{mA} - 2k \, \vartheta_{A}$$

oder

$$\sigma_{mP} = \sigma_{mA} + 2k \, (\vartheta_P - \vartheta_A).$$

Nach Bild 18 gilt:

$$\vartheta_A = \pi/4$$

und

$$\vartheta_P = \vartheta_A + \varphi$$

also folgt:

$$\vartheta_P - \vartheta_A = \varphi$$

Die Mittelspannung im Punkt P wird damit:

$$\sigma_{mP} = \sigma_{mA} + 2k\varphi = k - p + 2k$$

oder

$$\sigma_{mP} = k - p + 2k \, \ln R/r_i$$

Folglich errechnen sich die Spannungen in P zu:

$$\sigma_{tP} = \sigma_{1P} = \sigma_{sP} + k = 2k - p + 2k \, \ln R/r_i$$

$$\sigma_{rP} = \sigma_{3P} = \sigma_{sP} - k = - p + 2k \, \ln R/r_i.$$

(σ_s ... Werkstoffkennwert: Streckgrenze)

Ausgehend von der gegebenen Bodenfläche des herzustellenden Ziehteils sind wir jetzt in der Lage, das Gleitliniennetz für Teile, deren Innenkontur aus geradlinigen und kreisförmigen Abschnitten besteht, wie in Bild 19 zu zeichnen.

An der Innenkontur sind die Schubspannungen $\tau = 0$, solange keine Veränderung des Werkstoffs stattgefunden hat.

Infolgedessen ist die Richtung der Normalen auf der Innenkontur eine Hauptspannungsrichtung, und die Gleitlinien schließen mit der Kontur den Winkel 45° ein.

Über den geradlinigen Abschnitten befindet sich ein Gebiet konstanten Zustandes, das durch zwei Scharen orthogonaler Geraden wiedergegeben wird (Bild 19, Zone II).

Die Zone I zeigt den Bereich des Gleitliniennetzes, der durch
logarithmische Spiralen dargestellt werden kann, weil er
sich über einem kreisbogenförmigen Stück des Innenrandes befindet. Durch die Gln. (63) bis (65) sind die logarithmischen
Spiralen festgelegt.

Im Übergangsgebiet zwischen diesen beiden Bereichen (Zone III)
besteht das Gleitliniennetz zum einen aus einer Schar äqui-
distanter Spiralen und zum anderen aus einer Schar von Geraden, deren Neigung durch den Winkel ϑ in deren Schnittpunkten
mit der logarithmischen Grenzspirale bestimmt wird.

Zone IV hat vom Mittelpunkt des Krümmungskreises der Innenkontur einen Abstand, der größer als R_{max} ist, deshalb
herrscht hier wieder ein konstanter Zustand, den zwei Scharen
orthogonaler, paralleler Geraden repräsentieren.

Gleitliniennetze für Tiefziehteile, deren Innenkontur (Bodenform) aus komplizierteren Elementen als Geraden und Kreisbögen
aufgebaut ist, werden Punkt für Punkt aus den Gln. (55)
numerisch, oder mit Hilfe der Näherungsmethoden [15] graphisch
ermittelt.

1.3.7.2   <u>Festlegung der Platinenform</u>

Kennen wir für einen ebenen Fall ein Gleitliniennetz, das nur
von innen begrenzt wird, so erfährt dies keine Veränderung,
wenn wir die Ebene mit einer Außenkontur begrenzen, die die
Gleitlinien unter dem Winkel 45° schneidet [24]. Das bedeutet, daß längs dieser Außenkontur <u>keine Schubspannungen</u> wirken (τ = 0) und damit die Randbedingungen und das Gleitliniennetz übereinstimmen.

Die Kontur des optimalen Halbzeugs (die Außenkontur der Platine) muß also die Gleitlinien unter 45° schneiden.

Üblicherweise wird bei plastischer Verformung angenommen, daß
die Richtungen der normalen Hauptspannungen und der Haupt-
dehnungen zusammenfallen.

Dies wird bestätigt durch die Tatsache, daß Charakteristiken und Gleitlinien identisch sind.

In den Endpunkten a, b und c, d zweier Abschnitte der Innenkontur (Bild 19), die gleiche Länge, aber unterschiedliche Krümmung haben, sollen die Trajektorien der Hauptspannungen errichtet werden.

Es entstehen zwei krummlinige Trapeze abb'a' und cdd'c'. Die Seiten b'a' und d'c' sind Abschnitte der Außenkontur, die unter 45° zum Gleitliniennetz verläuft.

Da die Trapeze aus den Trajektorien der Hauptspannungen σ_1 und σ_3 gebildet werden, sind ihre Flächen verschieden.

Während der Umformung gehen diese Trapeze in gleichgroße Rechtecke über, deren kürzere Seiten gleich den kurzen Seiten der krummlinigen Trapeze sind und deren längere Seiten gleich der Höhe h des Werkstücks sind.

Für einen Bereich über einem kreisbogenförmigen Abschnitt der Innenkontur berechnen wir den Radius der optimalen Außenkontur wie für kreiszylindrische Näpfe nach der Formel [23]:

$$R = \sqrt{r_i^2 + 2r_i h} \qquad (66)$$

Diese gilt jedoch nur für Werkstücke, deren Höhe h nur eine Platinengröße von $R \leqq R_{max}$ erfordert.

Den Grenzwert der Werkstückhöhe, für den $R = R_{max}$ wird, bezeichnen wir mit h_{Sp} und berechnen ihn aus:

$$h_{Sp} = \frac{R_{max}^2 - r_i^2}{2r_i} \qquad (67)$$

bzw. mit Gl. (65):

$$h_{Sp} = \frac{r_i}{2} \left(e^{2\theta} - 1\right) \qquad (68)$$

Die Gl. (66) gilt nur im Bereich bis zur logarithmischen Grenzspirale, also wenn $h \leqq h_{Sp}$ (z. B. bis zum Punkt P in Bild 19).

Für den Fall, daß $h > h_{Sp}$ ist, benötigen wir eine ergänzende Größe R^* als zusätzliche Flanschbreite.

Mit

$$R^* = (h - h_{Sp})e^{-\theta} \tag{69}$$

bekommen wir die Platinengröße:

$$R' = R_{max} + R^* \tag{70}$$

Mit Hilfe der Gln. (65), (68) und (69) können wir die Platinengröße bestimmen.

Sobald wir einen Punkt der Randkurve des optimalen Halbzeugs (der Platinenaußenkontur) kennen, ergibt sich die gesamte Randkurve näherungsweise aus (Bild 16):

$$\frac{y - y_{k,1}}{x - x_{k,1}} = \frac{\Delta y}{\Delta x} = \frac{y_{k,1+1} - y_{k,1}}{x_{k,1+1} - x_{k,1}}$$

$$\frac{y_{k-1,1} - y}{x - x_{k-1,1}} = \frac{(y_{k-1,1} - y_{k,1})/(x_{k,1} - x_{k-1,1}) - 1}{(y_{k-1,1} - y_{k,1})/(x_{k,1} - x_{k-1,1}) + 1} \tag{71}$$

1.3.7.3 Ermittlung der Kontur des Zuschnitts

Zur Ermittlung der Zuschnittsform wird ein Gleitlinienfeld aufgebaut. Die Form des ebenen Bodens wird als Kontur mit konstanter Geschwindigkeit angenommen, die gleich der Geschwindigkeit der Stempelbewegung ist. Die Tangentialspannungen an der inneren Kontur sind gleich Null, folglich schneiden die Gleitlinien die Kontur unter einen Winkel von 45° [24, 28] (Tangentialspannung $\sigma_t = 0$, Radialspannung $\sigma_r = 2k$ und Schubspannung $\tau = 0$).

Ausgehend von der Innenkontur des Ziehteils wird das Gleitliniennetz (Bild 20) konstruiert.

Über den geradlinigen Abschnitten (Zone I, II und III) ist das Gleitliniennetz geradlinig.

Über den kreisbogenförmigen Konturabschnitten (Zone IV, V
und VI) besteht das Gleitliniennetz aus logarithmischen
Spiralen bis zur Grenze R_{max}. (R_{max} = $r_i e^{\Theta}$ berechnet sich
aus Gl. 65).

Für Zone IV (in Bild 20) ist z. B. R_{max} = $\overline{O_1 P}$. Hinter dieser
Grenze R_{max} werden die Gleitlinien zu Geraden. Die Bereiche
VII, VIII und IX sind Übergangsbereiche, in denen eine Schar
der Gleitlinien aus Geraden besteht, die die logarithmischen
Spiralen verlängern - die andere aus Kurven, die zu den
logarithmischen Spiralen äquidistant sind.

Im Bereich IX gehen zwischen den Kurven cC und dD die Geraden
(z.B. von 1 nach m) in logarithmischen Spirale (m nach n), und
diese wiederum in Geraden (n nach 1) über.

Weil die Spannungen vom gewählten Koordinatensystem unabhängig sind, ist es günstig, bei geradlinigen Konturabschnitten
im Kartesischen Koordinatensystem zu rechnen, bei nicht geradlinigen mit Polarkoordinaten.

Ist ein Gleitliniennetz bekannt, so kann die Lage eines
Punktes, z. B. M (Bild 20), gegenüber einem kreisförmigen
Teil der Innenkontur bestimmt werden. Für einen Bereich über
einem kreisbogenförmigen Abschnitt der Innenkontur berechnet
man den Radius der Außenkontur wie für kreiszylindrische
Näpfe (Gl. 66). Kennt man jetzt die Lage des gesuchten Punkts
M, so kann man die Außenkontur konstruieren, da die Kontur
der Platinenform die Gleitlinien unter einem Winkel 45° schneidet.

1.3.8 Spannungszustand und Geschwindigkeitsverteilung
beim Tiefziehen

Die Spannungsverteilung im Ziehteil während des Umformvor-
ganges hängt im wesentlichen von der Form des Werkstücks und
der Kontur der Platine ab. Sehr viele Blechteile, die durch
Tiefziehen hergestellt werden, stellen in ihrer Grundrißform
eine Kombination von Kreisbögen mit unterschiedlichem Radius
und von geraden Linien dar.

Zur Ermittlung der Spannungen gehen wir von der bekannten Tatsache aus, daß es beim Ziehen zu einer beachtlichen Stauchung des Werkstoffes im Flansch kommt. In Punkt M (Bild 20) auf der Außenkontur, der gegenüber einem kreisförmigen Abschnitt der Innenkontur liegt, sind die Spannungen [26]:

$$\delta_{mM} = - k, \qquad \delta_{tM} = - 2k, \qquad \delta_{rM} = 0.$$

Da die Spannungen im Punkt M bekannt sind, können die Spannungen in den Schnittpunkten der Gleitlinien ermittelt werden. Entsprechend den Henckyschen Beziehungen (Gl. 50)

$$\omega + \vartheta = \text{const.} \qquad\qquad \delta_m + 2k\,\vartheta = \text{const.}$$
$$\text{oder}$$
$$\omega - \vartheta = \text{const.} \qquad\qquad \delta_m - 2k\,\vartheta = \text{const.}$$

folgt die HENCKY- und GENKA-Gleichung:

$$\delta_{m1} - \delta_{m2} = 2k\,\Delta\vartheta \tag{72}$$

wobei δ_{m1} die Mittelspannung in Punkt 1, δ_{m2} die im Punkt 2 auf derselben Gleitlinie, und $\Delta\vartheta$ die Winkeldifferenz der Neigungswinkel der Gleitlinie in den Punkten 1 und 2 sein soll. Nach HENCKY und GENKA (Gl. (72)) ergibt sich z.B. im Punkt F die Mittelspannung aus:

$$\sigma_{mF} - \sigma_{mM} = 2k\,\Delta\vartheta$$

Im vorliegenden Beispiel, wo $\Delta\vartheta = 1$ rad. und $\sigma_{mM} = - k$ ist, erhalten wir:

$$\sigma_{mF} = k$$

und die Spannungskomponenten:

$$\sigma_{rF} = 2k, \qquad \sigma_{tF} = 0.$$

Die mittleren Spannungen in den Punkten 1, 2 und 3 findet man ebenso mit Hilfe der Gl. (72).

$$\sigma_{mF} - \sigma_{m1} = 2k \quad 0,262 \qquad \sigma_{m1} = 0,476 \ k$$

$$\sigma_{mF} - \sigma_{m2} = 2k \quad 0,524 \qquad \sigma_{m2} = -0,048 \ k$$

$$\sigma_{mF} - \sigma_{m3} = 2k \quad 0,785 \qquad \sigma_{m3} = -0,570 \ k$$

Aus den Mohr'schen Spannungskreisen ergeben sich die Spannungskomponenten in den einzelnen Punkten. Die berechneten Spannungen in einigen Punkten des Gleitliniennetzes (Bild 20) sind
in Tabelle 1 aufgeführt.

Die Spannungen sind in den Punkten:

    A, B, C, D, F   identisch, ebenso in 3 und P.

Auf der ganzen inneren Kontur sind bei unserem Beispiel
(Bild 20) die Mittelspannungen gleich k:

$$\sigma_{mA} = \sigma_{mB} = \sigma_{mC} = \sigma_{mD} = \sigma_{mF} = k.$$

Darum ist in Zone I, II und III: $\sigma_t = 0$, $\sigma_r = 2k$.

Der gleiche Spannungszustand wie in Punkt P herrscht in Zone
X, in Zone XI der gleiche wie in Punkt E.

Mit Hilfe des bekannten Gleitliniennetzes (Bild 20) läßt
sich nun das Geschwindigkeitsdiagramm (Hodograph) konstruieren
(Bild 21). Mit dem Geschwindigkeitsdiagramm ist es möglich,
mit einer bekannten Stempelgeschwindigkeit die Verschiebungs-
geschwindigkeit des Werkstoffs in einem beliebigen Punkt zu
bestimmen.

Aus den Geiringerschen Gleichungen (Gl. (50)) erkennt man,
daß die Dehnungsgeschwindigkeit entlang der Gleitlinien Null
ist. Eine Veränderung der Geschwindigkeit entlang einer Gleitlinie erfolgt durch eine zu dieser senkrechten Komponente
der Geschwindigkeit.

Aus diesem Grunde stehen die Elemente des Gleitlinienfeldes
und des Hodographs senkrecht zueinander und auf diese Weise
können wir den Hodograph aus dem bekannten Gleitliniennetz
konstruieren.

Bei Teilen mit ebenem Boden entstehen zu Beginn der Umformung zwischen dem Stempel und dem mit diesem in Kontakt befindlichen Werkstoff beträchtliche Reibungskräfte, deren Vorhandensein eine Verschiebung des Werkstoffes über die Werkzeugoberfläche ausschließt.

Aus diesem Grunde wird die Kontur des ebenen Bodens als Begrenzungslinie einer Ebene mit konstanter Geschwindigkeit angenommen, die gleich der Geschwindigkeit der Stempelbewegung ist.

Die Gebiete I, II, III, X und XI (Bild 20) sind im Hodograph (Bild 21) durch Punkte mit den gleichen Bezeichnungen dargestellt. Die logarithmischen Spiralen der Zonen IV, V und VI erscheinen in Bild 21 auch als logarithmische Spiralen. Strahlen, die von den Punkten 1, 2, 3 ... (Bild 20) ausgehen, werden in Bild 21 als Punkte ebenso bezeichnet. Die Geschwindigkeiten des Werkstoffes z. B. in Zone IV (Bild 20) sind durch die Entfernung der entsprechenden Punkte des Bereichs I, X, II (Bild 21) von 0 im Hodograph dargestellt. Die radiale Geschwindigkeitskomponente für einen Punkt P auf einer logarithmischen Spirale (z. B. in Zone IV oder VI in Bild 21) berechnet sich aus:

$$v_P = v_{St} \; r_i / \rho \tag{73}$$

mit dem Radius der Innenkontur r_i , dem Flußradius ρ und der Stempelgeschwindigkeit v_{St}.

1.3.9   Vergleich der verschiedenen Verfahren zur Ermittlung der Platinenform von Ziehteilen

Im Schrifttum [29, 30, 38] sind neben der Gleitlinienmethode mehrere Verfahren bekannt, mit deren Hilfe sich die Platinenformen für einfachere Ziehteile näherungsweise vorausbestimmen lassen. Allerdings erhalten wir nur Zuschnitte für r o t a t i o n s s y m m e t r i s c h e und r e c h t e c k i g e Ziehteile.

Unter der Annahme, der Werkstoff forme sich während des Tiefziehens mit gleichbleibender Blechdicke um, darf bei allen
Verfahren die Oberfläche des Zuschnitts (der Platine) mit
der des Ziehteils gleichgesetzt werden. Für ein quadratisches
Ziehteil 200 mm x 200 mm x 60 mm und Abrundungen von 20 mm
wird der Zuschnitt nach der Gleitlinienmethode,dem Verfahren
nach [29] sowie nach [30],ermittelt. Bild 22 zeigt die Platinenformen, die sich nach den verschiedenen Verfahren ergaben.

Ein Vergleich der Zuschnittkonturen (Bild 22) zeigt eine
recht gute Übereinstimmung der Ergebnisse im Bereich über
der kreisförmigen Innenkontur.

Über den geradlinigen Konturabschnitten weichen die mit
anderen Verfahren gewonnenen Zuschnitte von dem mit der
Gleitlinienmethode konstruierten deutlich ab.

Es ist leicht zu erkennen, daß hier die letztere das genauere
Ergebnis liefert, wenn man bedenkt, daß bei diesem Ziehteil in
der Zone über D (Bild 22) keine Beeinflussung der Ziehteilhöhe durch Verdrängung von Werkstoff aus der Eckenrundung
mehr stattfinden kann. Die Flanschbreite muß dort also gleich
der Ziehteilhöhe sein. Dies stimmt mit dem Resultat der Gleitlinienmethode überein.

Mit den in Bild 22 gezeichneten Zuschnittformen wurden Platinen zugeschnitten. Die Achsen wurden so gelegt, daß sie
einmal in Richtung der Walztextur zeigten und das andere Mal
unter 45° zur Walzrichtung.

Den Verlauf der Ziehteilhöhe über der Ziehteilbreite zeigen
Bild 23 und Bild 24 für das Ziehteil aus unserem Beispiel.

Es wurde damit experimentell nachgewiesen, daß die Gleitlinienmethode bei der Ermittlung der Zuschnittform für Ziehteile brauchbare Ergebnisse liefert. Ihr entscheidender Vor-
teil liegt in der Anwendung bei Teilen mit komplizierter
Geometrie.

1.4 Beeinflussung des Werkstoffflusses und Beseitigung der Faltenbildung durch Ziehwulste und Ziehstäbe

Bei dünnen Blechen oder kleinen bezogenen Blechdicken (s_o/d_o) treten häufig Falten im Flansch von Tiefziehteilen auf. Zur Beseitigung der Faltenbildung, die durch Instabilität des Werkstoffes bei tangentialem Druck entsteht, erhöhen wir die Niederhalterkraft. Damit erreichen wir ein Bremsen des Werkstoffflusses, was zu einer Erhöhung der Radialspannung und damit verbunden zu einer Herabsetzung der tangentialen Druckspannung führt.

Eine andere Möglichkeit, eine geringere Faltenbildung zu erreichen, wäre eine Verminderung des Ziehverhältnisses. Allerdings wären dann zusätzliche Ziehstufen nötig, was möglichst vermieden werden sollte.

Günstiger scheint die Verwendung von Ziehwulsten bzw. Ziehstäben zu sein. Diese behindern je nach Form und Größe das Einfließen des Werkstoffes mehr oder weniger stark.Wenn man die Bewegung des Werkstoffs in den bestimmten einzelnen Abschnitten des sich bildenden Flansches unter dem Niederhalter bremst, ist es möglich, das Einziehen des zu formenden Werkstoffs in die Öffnung der Ziehmatrize zu regulieren. Dabei wird der erforderliche Spannungs- und Formänderungszustand erzeugt und damit die Formbildung des Ziehteils beeinflußt. Für diesen Zweck werden in den Niederhalter des Tiefziehwerkzeugs Ziehstäbe mit einem gewissen Abstand angebracht. Sie bewirken während der Umformung eine dreimalige Umlenkung des Bleches im Flansch, bevor dieses in die eigentliche Umformzone hineingezogen wird. Dadurch wird dem Blech an diesen Stellen ein örtlicher Widerstand entgegengesetzt, der Werkstofffluß wird gebremst. Infolge der Bremswirkung der Ziehstäbe kann der Werkstoff während der Umformung nicht mehr ungehindert über die Ziehkante in den Ziehspalt einfließen. Dadurch ist es möglich, bei komplizierten wie auch quadratischen Teilen den Spannungsunterschied zwischen Seitenwänden und Ecken, welcher eine hohe Versagensgefahr darstellt, zu verkleinern. Bei einer sinnvollen Anwendung der Bremswulste

kann also der Werkstofffluß dermaßen gesteuert werden, daß
das Material, ähnlich wie beim zylindrischen Ziehen, gleichmäßig in die Umformzone gezogen wird. In Bild 25 ist die
Flanschform eines quadratischen Ziehteils zu sehen, die ohne
Einsatz von Ziehstäben gezogen wurde. Aus der unregelmäßigen Form des Flansches erkennt man den Einfluß der unterschiedlichen Spannungszustände, die im Umfang des Flansches herrschten, auf die Formänderungen.

Für ein rotationssymmetrisches Ziehteil wird beispielsweise
die Spannung in allen Punkten gleich, und zwar infolge des
gleichen Krümmungswinkels ϑ der Gleitlinien (Bild 17).

Die Lage der Ziehstäbe im Flansch eines Ziehteils ist in Bild
26 strichpunktiert eingezeichnet. Die Radialspannungen in den
entsprechenden Punkten der Gleitlinien werden mit σ_{Aa}, σ_{Ab},
und σ_{Bb} bezeichnet. Nach HENCKY und GENKA berechnet man die
Normalspannung im Punkt a:

$$\sigma_{rA} = \sigma_{Aa} + 2k \, \Delta\vartheta_{Aa} = \sigma_{Ab} + 2k \, \Delta\vartheta_{Ab}$$

Aus dieser Gleichung kann man ersehen, daß die Anspannung des
Flansches durch Ziehstäbe umso größer werden muß, je kleiner
der Krümmungswinkel der Gleitlinie ist, d.h. je kleiner die
Krümmung des entsprechenden Teils der Matrizenöffnung ist.

$$\sigma_{Ab} = \sigma_{Aa} + 2k \, (\Delta\vartheta_{Aa} - \Delta\vartheta_{Ab})$$

Wegen der Bedingung, daß die Radialspannungen an der Innenkontur gleich sind, ist:

$$\sigma_{Bb} = \sigma_{Ab} + 2k \, (\Delta\vartheta_{Aa} - \Delta\vartheta_{Bb})$$

Die Radialspannungen lassen sich aus der Spannung in einem der
Punkte berechnen, da die Größe der Anspannung (Bereich X in
Bild 27) die Fließgrenze nicht überschreiten darf. Ist $\Delta\vartheta_{max}$
der größte Krümmungswinkel der Gleitlinie und σ_{min} die Radialspannung in diesem Punkt, dann gilt:

$$\sigma_{min} + 2k \Delta\vartheta_{max} < 2k \quad \text{oder} \quad \sigma_{min} < 2k \, (1 - \Delta\vartheta_{max})$$

Sobald wir die Größe σ_{min} kennen, läßt sich die Spannung σ_i in allen anderen Punkten bestimmen:

$$\sigma_i = \sigma_{min} + 2k \, (\Delta\vartheta - \Delta\vartheta_{min})$$

In Bild 27 wird die Verteilung der Radialspannungen des Flansches gezeigt, mit durchgezogenen Linien für die Spannungsverteilung ohne Anspannung durch Ziehstäbe, und gestrichelten Linien, die die Veränderung infolge der Ziehstäbe wiedergeben. Im unteren Teil des Bildes 27 ist das Ziehteil mit dem Niederhalter, der Matrize und den Ziehstäben im Schnitt dargestellt. Durch Anbringen von Ziehwulsten bzw. Ziehstäben erreichen wir einen Spannungsausgleich entlang der Außenkontur. Dadurch ermöglichen wir dem Werkstoff ein Abfließen aus den Eckenrundungen in geradlinige Abschnitte der Ziehteilzarge. Eine gleichmäßigere Beanspruchung des Werkstoffes ist die Folge. Dadurch wird die Verteilung der Formänderungen über den Querschnitt des Ziehteils günstiger, und es wird die erforderliche Qualität des Werkstückes erreicht. Die Verwendung von Ziehstäben verursacht eine Vergrößerung der radialen Zugspannungen und gleichzeitig eine Verkleinerung der tangentialen Druckspannungen, wodurch <u>die Gefahr der Faltenbildung</u> verringert wird. Der Idealfall - keine Faltenbildung - tritt auf, sobald die Zugspannung gleich oder größer ist als die Druckspannung [31], die einem bestimmten Formänderungszuwachs entsprechen würde. Für ein rotationssymmetrisches Ziehteil wird beispielsweise, infolge gleicher Krümmungswinkel der Gleitlinien, die Spannung in allen Punkten gleich (Bild 18). In diesem Fall ist es nicht notwendig, die Spannung in bestimmten Bereichen zu erhöhen, doch können Ziehwulste zur Verminderung der Faltenbildung zweckmäßig sein. Bei der Anwendung von Ziehwulsten befinden wir uns in der Zwickmühle,daß einerseits die radiale Zugspannung erhöht werden soll, um die Faltenbildung zu verhindern, andererseits dürfen wir die Zugspannung nicht zu sehr anwachsen lassen, damit die Bruchgrenze des Werkstoffes nicht erreicht wird, was uns sonst Risse bescheren würde.

Aus dem Schrifttum über Faltenbildung wurden weitere Arbeiten bewertet [32, 33, 34]. Die eine Theorie, nach YOSHIDA und seinen Mitarbeitern [32], hat hauptsächlich den Effekt der mechanischen Eigenschaften beim Entstehen, Wachsen und Entfernen der Falten zur Grundlage. Dabei wurden drei verschiedene Möglichkeiten der Faltenbildung unterschieden:

- Faltenbildung durch unregelmäßiges Streckziehen
- Faltenbildung durch übermäßiges Tiefziehen
- Faltenbildung eines Karosserieteiles

Diese drei Fälle wurden theoretisch und praktisch untersucht. Außerdem wurde der Mechanismus der Faltenbildung erläutert. Aus der Arbeit geht hervor, daß der Widerstand gegen Faltenbildung größer wird, je größer der R-Wert und der n-Wert sind.Um es noch besser eingrenzen zu können, wurde der Effekt des R-Wertes getrennt dargestellt. R- und n-Werte wurden aber nicht nur als Faktoren für die Tiefziehbarkeit ermittelt, sie sind auch wichtig für die Kontrolle und das Entfernen der Faltenbildung.

Die Theorie nach KAWAI [33] ist in drei Teile gegliedert,und zwar in

- Grundbegriffe der Analyse und Betrachtungen beim Tiefziehen ohne Niederhalter
- Betrachtungen beim Tiefziehen mit Niederhalter
- experimentelle Untersuchung der Gleichung für den Niederhalterdruck

Auch hier wurde das Auftreten der Faltenbildung untersucht, und außerdem der Mechanismus zur Verhinderung erläutert. Es wurden auch Gleichungen theoretisch hergeleitet, um kritische Bedingungen mit oder ohne Niederhalter berechnen zu können.

Im ersten Teil stellte KAWAI eine Gleichung für das Momentengleichgewicht auf.Dabei ging er von an einer Halbwelle wirkenden Momenten aus.Seiner anschließenden Analyse dieser dimensionslosen Gleichung folgte eine experimentelle Untersuchung für den Fall des Tiefziehens ohne Niederhalter.Durch diese

Untersuchungen wurde dann bestätigt, daß die Gleichungen für
die Anzahl der Wellen und die kritische Blechdicke mit den
experimentellen Werten übereinstimmen.

Im zweiten Teil der Arbeit diskutierte KAWAI dann kritische Bedingungen der Faltenbildung mit Niederhalter. Dazu war die
Berechnung der spezifischen Wellenamplitude der Falten im
Flansch nötig. Durch das Einsetzen dieser Amplitude in die
Gleichgewichtsbedingung wurde der kritische Niederhalterdruck
abgeleitet. Rein theoretischer Art waren die Berechnungen für
die kritische Federkonstante und den kritischen Reibungswider-
stand. Der kritische Niederhalterdruck gibt an, welcher mini-
mal notwendige Druck zur Verhinderung der Faltenbildung erforderlich ist, wenn die spezifische Wellenamplitude w_{kr}, das
Tiefziehverhältnis β , der spezifische Matrizenradius,
der Reibungskoeffizient μ und die Werkstoffeigenschaften bekannt sind.

Der dritte Teil befaßte sich dann mit der Gültigkeit der
Gleichung für den kritischen Niederhalterdruck. Es wurde versucht, sie experimentell zu bestätigen. Dabei wurden der Wert
und die Bedeutung der spezifischen Wellenamplitude erläutert.
Als Ergebnis kann gesagt werden, daß die Gleichung als zufriedenstellend für die praktische Anwendung betrachtet
werden kann. Außerdem wurde bestätigt, daß die aus dem experimentellen Wert des kritischen Niederhalterdrucks berechnete kritische Wellenamplitude konstant und unabhängig von den Tief-
ziehbedingungen ist. Eine Einschränkung muß aber gemacht
werden. Keine Falten oder nur Spuren von Falten zu erreichen,
erfordert einen sehr hohen Niederhalterdruck. Für diesen Fall
ist die Gleichung aber nicht gültig. Aus diesem Grund kann
man aber neue Werte für die kritische Wellenamplitude, die
proportionalen Konstanten, einführen. Sie müssen aber in
ihrem Wert höher als die kritische Wellenamplitude liegen.
Obwohl die Konstanten stark von experimentellen Ungenauig-
keiten abhängig sind, liegen sie noch im Bereich der Genauig-
keit des Experiments, und die hohen Niederhalterdrücke lassen
sich zufriedenstellend berechnen.

In einer weiteren Arbeit von BIRJUKOV und BORISON [34] wurde
der Einfluß der Verfestigung auf die Beseitigung von Falten
beurteilt. Die Autoren haben gezeigt, daß bei der theoretischen Analyse des Tiefziehens mit Faltenbildung durch die Berücksichtigung des Einflusses der Verfestigung auf die maximal zulässige Faltenhöhe die Möglichkeiten zur Verhinderung
der Falten objektiver abgeschätzt werden können.

Einfluß von Werkzeug- und Vorgangsparametern beim Tiefziehen unregelmäßiger Blechteile

2.1 Einleitung

Ziel dieser Arbeit ist es, den Einfluß von Werkzeug-,Verfahrens- und maschinenseitigen Einflußgrößen zu klären, die diese auf die Ausbildung des Formänderungszustandes beim Ziehen großer unregelmäßiger Teile haben. Eine bessere Ziehbarkeit der Preßteile kann zwar durch einen besseren Werkstück-Werkstoff erreicht werden, verursacht aber zu hohe Kosten.

Entstehen bei der Konstruktion oder beim Prüfen eines neuen Ziehwerkzeuges Schwierigkeiten bezüglich der Umformbarkeit des Ziehteils, so ist es notwendig, die technologischen Bedingungen des Ziehvorganges (Form und Anordnung der Ziehstäbe bzw. der Ziehwulste, Ziehradius, Spalt zwischen Niederhalter und Ziehmatrize, Schmierung usw. oder Werkstoff und Form des Ziehteils) zu ändern [31].

Eine der besten Möglichkeiten, den Werkstofffluß und damit die Formänderungen beim Ziehen unregelmäßiger Teile zu beeinflussen, ist die Verwendung von Ziehwulsten und Ziehstäben.

Ziehwulste (Bild 28 a) befinden sich an der Ziehkante. Sie bewirken eine zweimalige Umlenkung des Bleches. Ziehstäbe (Bild 28 b) werden mit einem Abstand von der Ziehkante angebracht. Sie bewirken in Verbindung mit der Einlaufkante eine dreimalige Umlenkung des Bleches. Aufgabe der Ziehwulste und Ziehstäbe ist es, dem Einlaufen des Bleches in die Ziehmatrize einen örtlich unterschiedlichen Widerstand entgegenzusetzen und so die Wirkung eines örtlich erhöhten Niederhalterdrucks zu erzeugen. Die Ausführung und Anordnung der Ziehwulste und Ziehstäbe ist im Schrifttum [35 bis 38] ausreichend beschrieben.

Der Spannungs- und Formänderungszustand des Ziehteils und der Werkstoff sind maßgebend für einen erfolgreichen Ziehvorgang. Es ist daher notwendig, die quantitative Wirkung einzelner technologischer Eingriffe im Ziehvorgang zu erfas-

sen. Vom Gesichtspunkt der Wirksamkeit einzelner technologischer Eingriffe auf den Ziehvorgang sind die wichtigsten
Einflußgrößen der Ziehradius, der Ziehspalt und die Form von
Ziehstäben bzw. von Ziehwulsten.Sie beeinflussen den Spannungs-
und Formänderungszustand des Ziehteils, den notwendigen Kraft-
bedarf für die Blechumformung, **die mechanischen** Eigenschaften
des Blechwerkstoffs und die Oberflächenbeschaffenheit des
Bleches während des Umformens. Die Auswirkungen der genannten Einflußgrößen auf den Spannungs- und Formänderungszustand wurden zuerst in einem Modellwerkzeug beim Ziehen von
Blechstreifen festgestellt [31]. Die hierbei gewonnenen Er-
kenntnisse führten zum Bau eines größeren Versuchswerkzeuges
für das Tiefziehen quadratischer Näpfe, da dieses eine be-
wußte Veränderung der den Werkstofffluß beherrschenden geometrischen Größen des Werkzeuges, der Einflußgrößen des Werkzeuges und der maschinenseitigen Einflußgrößen in weiten Bereichen erlaubt.

2.2   Versuche

Zur Durchführung der Versuche stand (im Institut für Umformtechnik der Universität Stuttgart) eine hydraulische, zwei-
fach wirkende Presse mit einer Nennkraft von 2000 kN zur Verfügung. Sie war mit einem extra für Versuche dieser Art ent-
wickelten Tiefziehwerkzeug zur Herstellung quadratischer Ziehteile ausgestattet.

Das Werkzeug wurde eigens zum Bestimmen der Einflüsse der
Werkzeuggeometrie auf den Spannungs- und Formänderungszustand
beim Tiefziehen konstruiert [37, 39]. Es ist in Bild 29 dargestellt und soll daran erläutert werden.

Die Säulen 3, die Grundplatte 7 und das Oberteil 2 bilden dabei das Gestell. Der eigentliche Umformbereich des Werkzeuges besteht aus dem Stempel 9, den Niederhalterstempeln 6,
dem Niederhalter 10, worin die Ziehstabaufnahmen 11 mit den
Ziehstäben 12 integriert sind. Ebenso gehören Matrize 13,
Matrizenaufnahme 14 und der Auswerfer 1 zu den Arbeitsteilen.

Der Stempel hat einen quadratischen Querschnitt mit der Kantenlänge 200 mm. Sein Eckenradius beträgt 20 mm.

Um während der Versuche die Möglichkeit zu haben, die Ziehstäbe in den unterschiedlichen Anordnungen in das Werkzeug einzubauen, wurde der Niederhalter so ausgebildet, daß ein Austauschen der Ziehstabaufnahmen und somit auch der Ziehstäbe ohne besonders großen Aufwand vorgenommen werden konnte. Dazu besaßen die Ziehstabaufnahmen jeweils der Breite der eingesetzten Ziehstäbe entsprechende Nuten, in welche Ziehstäbe unterschiedlicher Höhe eingelegt und verschraubt werden konnten. Um die Breite variieren zu können, mußten Aufnahmen mit anderer Nutbreite verwendet werden. Da jede der Ziehstabaufnahmen mit zwei Nuten versehen war, konnten diese sowohl doppelt als auch einfach besetzt werden. Dadurch war bei einer der einzelnen Anordnungen eine Veränderung des Abstandes des eingesetzten Ziehstabes zur Ziehkante zu erreichen. Alle nicht mit Ziehstäben besetzten Nuten wurden mit entsprechend ausgebildeten Einsätzen, deren Höhe der Tiefe der Nut entsprach, derart verschlossen, daß die Ziehstabaufnahmen mit dem Niederhalter eine plane Oberfläche bildeten. Die unterschiedlichen Breiten der eingesetzten Ziehstäbe machten es erforderlich, die Matrizen mit den entsprechenden Wulstgruben auswechselbar zu gestalten.

2.2.1   Meßeinrichtung

Die Meßeinrichtung, deren piezoelektrische Aufnehmer sich an geeigneten Stellen im Werkzeug befanden, diente zum Erfassen der bei der Umformung auf das Tiefziehblech wirkenden Kräfte. Mit dem gesamten System war es möglich, die Ziehkraft, die waagerechte Bremskraft am Ziehstab und die senkrechte Bremskraft im Niederhalter zu erfassen und als Kraft-Weg-Schaubild aufzuzeichnen. Der Aufbau der Meßanordnung ist aus Bild 30 ersichtlich.

Zur Messung des von der Ziehmatrize relativ zum feststehenden Stempel zurückgelegten Weges wurde ein induktiver Wegaufnehmer eingesetzt. Dessen Signale wurden mit Hilfe einer

Meßbrücke verstärkt und den Abszisseneingängen, also den
x-Eingängen der drei Koordinatenschreiber, zugeführt.

Zur Ermittlung der am Werkzeug auftretenden Kräfte wurden
Quarzkristall-Meßunterlagsscheiben verwendet. Diese wandeln
aufgrund des piezoelektrischen Effekts die senkrecht auf sie
wirkenden Kräfte proportional in elektrostatische Ladungen
um. Eine Parallelschaltung zweier oder mehrerer Unterlagsscheiben erzeugt eine Addition der Ladungen und damit auch
des verwertbaren Meßsignals.

Aus Bild 30 geht die prinzipielle Anordnung der Meßwertaufnehmer im Werkzeug hervor. Zwischen Stempel und Grundplatte
sind demnach vier Meßwertaufnehmer (Pos. 8 - Bild 29) an den
Ecken angebracht. Um einen konstanten Übertragungsbereich und
gute Ansprechempfindlichkeit zu gewährleisten, wurden sie mit
10 % ihrer maximal ertragbaren Kraft vorgespannt, ohne aber
bei den Versuchen Gefahr zu laufen, die maximale Belastbarkeit
von 120 kN zu überschreiten. Das Ausgangssignal der vier
parallelgeschalteten Aufnehmer wird in einem Ladungsverstärker (1) in eine elektrische Spannung umgewandelt, verstärkt
und dem Ordinateneingang, also dem y-Eingang des ersten Koor-
dinatenschreibers zugeführt. Zur Ermittlung der senkrechten
Bremskraft im Niederhalter wurden unter eine der Ziehstabaufnahmen zwei parallelgeschaltete Meßwertaufnehmer in den
Niederhalter (Pos. 4 - Bild 29) eingebaut. Auch sie wurden
vorgespannt unter Berücksichtigung der maximalen Belastbarkeit von hier 90 kN. Über den Ladungsverstärker (2) erreicht
deren Signal den zweiten x-y-Schreiber. Die waagerecht auf
die Ziehstäbe wirkende Bremskraft wurde mit Hilfe folgender
Konstruktion bestimmt: die Ziehstabaufnahme, unter welcher
sich auch die zur Erfassung der senkrechten Bremskraft montierten Meßwertaufnehmer befanden, wurde an ihrer Außenseite
mit vier nebeneinanderliegenden Bohrungen mit Gewinde versehen. Ebenso wurde der Niederhalter an den entsprechenden
Stellen bis zur Ziehstabaufnahme durchbohrt. Vier Schrauben,
mit welchen nun die Ziehstabaufnahme waagerecht im Niederhalter fixiert wurde, wurden unterhalb des Schraubenkopfes
mit je einem Meßwertaufnehmer (Pos. 5 - Bild 29)
versehen und mit der üblichen Vorspannung gegen den Nieder-

halter festgezogen. Die maximale Belastbarkeit jeder der vier
Quarzkristallscheiben betrug dabei 35 kN. Da die bei Kraft-
einwirkung von den Aufnehmern erzeugten elektrostatischen
Ladungen durch die Elastizität von Schrauben, Niederhalter
und Ziehstabaufnahme beeinflußt wurden, war es notwendig,
dieses Meßsystem zu kalibrieren und die dabei gefundene Meß-
kurve bei der Kraftauswertung zu berücksichtigen. Die vier
ebenfalls parallel geschalteten piezoelektrischen Aufnehmer
gaben ihr Signal über den Ladungsverstärker (3) an den y-Eingang des dritten Schreibers.

Die gesamte in Bild 30 gezeigte Meßeinrichtung ermöglichte
es nun, über den induktiven Stempelwegaufnehmer an der Matrize und die drei verschiedenen Meßunterlagsscheibenanordnun-
gen an Stempel und Niederhalter die Kraft-Weg-Verläufe auf
den drei Koordinatenschreibern aufzuzeichnen.

2.2.2   Versuchsdurchführung

Für die Versuche stand 1 mm dickes Tiefziehblech der Qualität RRSt 1403 nach DIN 1623 zur Verfügung. Die quadratischen
Ziehteile wurden aus runden Platinen mit dem Durchmesser
390 mm hergestellt. Zur Ermittlung des Formänderungsverlaufs
wurde auf alle Platinen ein Liniennetz aus Kreiselementen mit
einem elektrochemischen Verfahren aufgebracht.

Zu den Vorbereitungen gehörte das Austauschen der Ziehstabaufnahmen sowie der entsprechenden Ziehmatrizen. Dazu waren im
Niederhalter des Werkzeuges vier jeweils gegenüber angeordnete Aussparungen vorhanden, in welche die Ziehstabaufnahmen
hineingelegt und verschraubt wurden. Die Ziehstäbe selber
wurden entsprechend der gewünschten Anordnung in der in die
Ziehstabaufnahme eingefrästen Nut befestigt.

Wie aus Bild 31 hervorgeht,erfolgte auch diese Befestigung
mit drei Schrauben, wodurch ein fester Sitz in der Ziehstabaufnahme gewährleistet war.Die Tiefziehversuche wurden bei
den Ziehstabbreiten b_z = 8, 10, 12, 14 und 16 mm durchgeführt (b_z entsprechend Bild 32). Bei jeder dieser Ziehstab-

breiten wurden vier verschiedene Ziehstabhöhen untersucht.
Um die Meßwerte bei den unterschiedlichen Höhen vergleichen
zu können, sind in Tabelle 2 außer den Absolutwerten in mm
jeweils auch die Verhältnisse Ziehstabhöhe/ -breite angegeben. Hieraus wird ersichtlich, daß, obwohl die Ziehstabhöhen
bei kleinen Breiten naturgemäß nicht so groß sind wie bei
breiteren Ziehstäben, die Verhältniswerte bei den vier Ziehstabhöhen doch in etwa gleich sind. Die Ziehstäbe wurden im
Niederhalter des Tiefziehwerkzeuges in insgesamt 15 verschiedenen Anordnungen eingebaut. Dabei wurden sowohl doppelt besetzte Ziehstabaufnahmen (Typ I) als auch einzeln in den
Aufnahmen angeordnete Ziehstäbe mit kleinem Abstand zur Ziehkante (Typ II) und mit großer Ziehkantenentfernung (Typ III)in
ihrer Auswirkung auf die Kräfte und die Formänderungen untersucht.
Die nicht besetzten Nuten wurden mit den oben bereits erwähnten
Einsätzen verschlossen. In Bild 33 sind die drei Typen I,
II und III im Schnitt dargestellt. Da die Enden der Ziehstäbe mit den Mittelpunkten der Eckenrundungen des Werkzeuges
einen Winkel von etwa 10° bilden sollen [36], sind die Ziehstäbe mit einem größeren Abstand zur Ziehkante (Typ III) im
Durchschnitt um etwa 7 % kürzer als die im Typ II verwendeten. Im Bild 32 sind die beiden möglichen Abstände zur Ziehkante a_1 und a_2 sowie die Ziehstablängen l_{z1} und l_{z2} skiz-
ziert. Die tatsächlichen Werte für die fünf verschiedenen
Ziehstabbreiten sind in der Tabelle 3 angegeben.

Innerhalb der bisher angegebenen drei verschiedenen Zieh-
stabaufnahmenbesetzungen wurden jeweils fünf grundsätzliche
Ziehstabanordnungen a - e untersucht. Wie aus Bild 34 zu er-
sehen ist, umfaßten sie den Einsatz der Ziehstäbe nur an der
Stirnseite des Niederhalters, also Anordnung a, den Einsatz
von zwei besetzten Ziehstabaufnahmen sowohl über Eck (Anordnung b) als auch gegenüberliegend bei c, die Anordnung d mit
Ziehstäben auf drei Seiten des Werkzeuges sowie eine volle
Ziehstabaufnahmenbesetzung bei der Anordnung e. Durch die im
Bild 34 angegebene Darstellung ist bei Angabe des Types
(I - III) und der Ziehstabanordnung (a - e) eine genaue Be-
zeichnung eines bestimmten Versuches möglich. Von Ziehstäben
besetzte Nuten im Werkzeug sind im Bild 34 schwarz ausge-
zeichnet.

Für die Versuche wurden zunächst die Stößelkraft auf 1000 kN
und die Ziehkissenkraft auf 400 kN eingestellt und, bei steti-
ger Überwachung, für die gesamte Dauer der Versuche beibehal-
ten. Ebenso wurde die Ziehteilhöhe mittels Unterlagsscheiben
auf dem Anschlag des Gestelloberteils auf 20 mm eingestellt
und jeweils nach dem Einsetzen einer neuen Matrize über-
prüft.

Nach der Montage der Ziehstäbe zur gewünschten Ziehstabanordnung wurde eine Platine nach vorangegangener Schmierung mit
Ziehöl auf den Niederhalter gelegt. Mit einer speziellen
Zentriervorrichtung wurde sie dort in eine mittige Lage ge-
bracht. Es mußte hier besonders darauf geachtet werden, daß
das Blech hinsichtlich seiner Walzrichtung immer in die
gleiche Position zu liegen kam, um eventuelle Verfälschungen
der Ergebnisse zu vermeiden. Eine Kennzeichnung der Walzrichtung wurde schon beim Zuschneiden der Platinen auf das Blech
aufgebracht.

2.3   Verlauf der Kräfte

2.3.1   Einfluß der Ziehstäbe

Das Ziel dieser Untersuchungen war es, die Einflüsse von Ziehstäben bzw. deren Abmessungen und Anordnung auf die auftretenden Kräfte zu ermitteln. Insbesondere sollten die Auswirkungen unterschiedlicher Ziehstabanordnungen im Niederhalter sowie von Variationen der Ziehstabhöhe und -breite untersucht werden.

Die bei den Versuchen aufgenommenen Kräfte waren die Stempelkraft F_{St}, die waagerechte Bremskraft F_{Bw} sowie die senkrechte Bremskraft F_{Bs} im Niederhalter des Werkzeugs. Die Verläufe
dieser Kräfte sind in Abhängigkeit von den verschiedenen Parametern in den Bildern 35 bis 57 aufgetragen.

2.3.1.1 Verlauf der Stempelkraft

Zunächst soll hier etwas näher auf die Darstellungen in den
Bildern 35 bis 49 eingegangen werden. Es handelt sich bei
diesen 15 Bildern um die Kraftverläufe bei den fünf verschiedenen Ziehstabbreiten, aufgetragen über dem Verhältnis Zieh-
stabhöhe/-breite für jeweils eine der 15 Ziehstabanordnungen.
Diese Darstellungsweise mit den Verhältnissen Höhe /Breite
wurde gewählt, um zwischen den Kurven bei unterschiedlicher
Breite Vergleiche zu ermöglichen, die, wie Tabelle 2 zeigt,
bei Angabe der Absolutwerte nicht so gut durchführbar sind.

Als erstes interessiert die Auswirkung von Ziehstabanordnung
und -abmessung auf den Verlauf der Stempelkraft. Wie dazu aus
den Bildern 35 bis 49 zu erkennen ist, hat die Ziehstabbreite
den geringsten verändernden Einfluß auf die Größe der Stempelkraft. Die Abweichungen der bei den verschiedenen Ziehstabbreiten aufgenommenen Kurven untereinander liegen in den
meisten Fällen wesentlich unter deren maximaler Streubreite
von 12 %. Es läßt sich in den Bildern 35 bis 49 für den Verlauf der Stempelkraft auch keine ausgezeichnete Ziehstabbreite
feststellen, die entweder die größten oder kleinsten Werte
liefern würde. Es ist demnach zulässig, bei der weiteren Er-
gebnisauswertung einen mittleren Wert der Stempelkraft anzu-
nehmen.

Wesentlich ausgeprägter scheint der Einfluß der Ziehstabanordnungen auf die Stempelkraftverläufe zu sein.Beim Vergleich
der in Bild 34 angegebenen Ziehstabanordnungen a bis e läßt
sich bei allen drei Typen I, II und III, also sowohl bei doppelter als auch bei den beiden einzelnen Besetzungen der Ziehstabaufnahmen, ein Anstieg der Stempelkraft feststellen. Die
mittleren Kraftzunahmen liegen dabei zwischen a und b sowie
zwischen d und e am höchsten. Aus den Bildern 35 bis 39 wird
ersichtlich, daß diese Anstiege beim Typ I, also bei den
doppelt besetzten Aufnahmen, vergleichsweise am höchsten aus-
fallen. Wie der Tabelle 4 zu entnehmen ist, betragen diese
Werte 7,5 % bzw. 13,4 %. Zwischen den Ziehstabanordnungen b
und d in den Bildern 36 bis 38 sind nur geringe Zunahmen
von bis zu maximal 3,5 % zu beobachten. Der gesamte mittlere

Kraftanstieg von der Anordnung a mit einer bis zu e mit vier
besetzten Ziehstabaufnahmen beträgt entsprechend den Werten
der Tabelle 4 beim Typ I 27 %, beim Typ II 20 % und beim
Typ III 14 %.

Aus den Bildern 35 bis 49 ist also bisher aus der Betrachtung
des Verlaufes der Stempelkraft zu ersehen, daß diese mit wach-
sender Anzahl von eingesetzten Ziehstäben im Niederhalter an-
steigt.Ebenfalls von Einfluß ist der Abstand a_1 bzw.a_2 der einzeln angeordneten Ziehstäbe zur Ziehkante. Dies ergibt sich
aus den Unterschieden in der durchschnittlichen Höhe der
Stempelkraft für die Typen II in den Bildern 40 bis 44 und
III in den Bildern 45 bis 49. Diese Auswirkungen werden an
späterer Stelle anhand der Bilder 53 bis 57 genauer untersucht.

Im folgenden soll nun auf den Einfluß der Ziehstabhöhe, charak-
terisiert durch das Verhältnis Ziehstabhöhe/ -breite h_z/b_z,auf
die Stempekraft eingegangen werden. Da der Einfluß unterschiedlicher Ziehstabhöhen auch von der Besetzung der Ziehstabaufnahmen (einzeln - doppelt) abhängig ist, muß dieser von Typ
zu Typ getrennt betrachtet werden.

Aus den Bildern 35 bis 39 ist zu erkennen, daß beim Typ I,
also bei der doppelten Ziehstabaufnahmenbesetzung, die Kraftanstiege von der kleinsten bis zur größten Ziehstabhöhe von
der Anordnung a bis e immer größer werden. So zeigt Bild 35
einen kaum nennenswerten Anstieg von 2,3 % für die Anordnung a. Bei den Ziehstabanordnungen b und c des Typs I ist
in den Bildern 36 und 37 der Kraftanstieg von 6,1 % bzw. 5,3%
ebenfalls vernachlässigbar gering. Eine Erhöhung der Stempelkraft um 12,3 % mit zunehmendem Verhältnis Ziehstabhöhe/-brei-
te ist aus dem Bild 38 für die Anordnung d zu erkennen. Bei
der vierfachen Aufnahmenbesetzung,also bei Typ Ie in Bild 39
ist dann der Kraftanstieg mit etwa 25 % am ausgeprägtesten.
Die hier angegebenen Prozentsätze, die den Bildern 35 bis 39
entnommen sind, sind in der Tabelle 5 enthalten. In dieser Tabelle sind auch die für die Typen II und II aus den Bildern 40
bis 49 gewonnenen Werte aufgeführt.

Ähnliche Gesetzmäßigkeiten wie beim Typ I herrschen bei den
Anordnungen a bis e des Types II. In Bild 40 ist auch hier
für die Ziehstabanordnung a der Kraftanstieg mit 1,7 % sehr
gering. Dahingegen ist, wie in Bild 41 zu sehen ist, bei der
Anordnung b schon eine Erhöhung von 14 % zu beobachten. Die
Anordnungen c und d liefern aus den Bildern 42 und 43 Werte
von 17,8 % bzw. 18,7 %. Es besteht demnach kein großer Un-
terschied zwischen dem Einsatz von zwei gegenüberliegenden
und den dreifach angeordneten Ziehstäben. Ähnlich wie beim
Typ Ie in Bild 39 ist auch beim Typ IIe im Bild 44 wieder ein
Kraftanstieg mit zunehmender Ziehstabhöhe von 25 % zu beobachten.

Aus den Bildern 45 bis 49,die die Stempelkraftverläufe bei Typ
III enthalten, sind keine der oben gefundenen Regelmäßigkeiten
zu erkennen.Hier lassen sich die beobachteten Differenzen der
einzelnen Stempelkraftverläufe bei variabler Ziehstabhöhe
nicht eindeutig den Ziehstabanordnungen a bis e zuordnen. So
ist hier der höchste Kraftanstieg in Bild 47 mit 22 % bei
der Anordnung c vorhanden, während beim Typ IIIe in Bild 49
nur etwa 15 % Erhöhung zu verzeichnen sind. Die Anstiege bei
den Anordnungen a, b und d in den Bildern 45, 46 und 48 liegen zwischen knapp 9 % und 11 %. Die genauen Prozentangaben
sind wieder der Tabelle 5 zu entnehmen.

2.3.1.2 Verlauf der waagerechten Bremskraft

Als nächstes soll nun ebenfalls anhand der Bilder 35 bis 49
der Einfluß von Abmessungen und Anordnung der Ziehstäbe auf
die waagerechte Bremskraft F_{Bw} näher untersucht werden. Augenfällig ist hier, daß die Ziehstabbreite einen wesentlich
größeren Einfluß besitzt, als dies bei der Stempelkraft der
Fall ist. So liegt die Streubreite der Werte beim Typ I für
die Anordnung a bis e in den Bildern 35 bis 39 zwischen 35 %
und 42 %, beim Typ II in den Bildern 40 bis 44 zwischen 50 %
und 62 % und schließlich in den Bildern 45 bis 49 für den
Typ III zwischen 40 % und 42,5 %. Dabei liegt die Kurve des
Kraftverlaufes, der bei der Ziehstabbreite 10 mm aufgenommen

wurde, immer am höchsten, während diejenige bei 16 mm Breite
immer die relativ geringsten Werte aufweist. Die dazwischenliegenden Kurven, gemessen an der Höhe der Bremskraft, haben
meist die Reihenfolge 8 mm - 14 mm - 12 mm. Festzuhalten
bleibt, daß die Ziehstabbreiten 10 mm und 16 mm die Extreme
bilden und deshalb bei der Bemessung der Ziehstäbe hinsichtlich der auftretenden waagerechten Bremskraft F_{Bw} besonders
berücksichtigt werden sollten. Die oben angegebenen Prozentsätze für die Streubreite der bei den verschiedenen Ziehstabbreiten aufgenommenen Kurven für die waagerechte Bremskraft
sind in der Tabelle 6 enthalten.

Wie aus den Bildern 35 bis 49 hervorgeht, ist die waagerechte Bremskraft F_{Bw} nicht nur stark von der Ziehstabbreite b_z
sondern ebenso von der Ziehstabhöhe h_z abhängig. Ähnlich wie
bei der Stempelkraft kann man auch hier diese Abhängigkeit
von der Höhe nicht losgelöst von der Ziehstabanordnung sehen.
Deshalb soll im weiteren der Einfluß der Ziehstabhöhe für
jeweils vergleichbare Ziehstabanordnungen untersucht werden.
Grundsätzlich sind bei den Verläufen der waagerechten Bremskraft zwei Fälle zu unterscheiden. Der erste Fall ist der,
daß die Kraft mit zunehmender Ziehstabhöhe z. T. noch nach
Durchlaufen eines Minimums insgesamt abnimmt. Im zweiten Fall
ist eine eindeutige Steigerung der waagerechten Bremskraft,
meist ebenfalls nach einem Minimum, zu beobachten. Wie den
Bildern 35 bis 49 zu entnehmen ist liegt das Minimum, das in
beiden Fällen auftreten kann, etwa zwischen den Werten 0,2
und 0,3 des Verhältnisses Ziehstabhöhe/-breite h_z/b_z.
Es kann je nach Ziehstabanordnung mehr oder weniger ausgeprägt sein.

Zu dem ersten Fall mit insgesamt abnehmender Kraft gehören
beim Typ I nur die Anordnung a (Bild 35), beim Typ II allerdings die meisten Kurven der Ziehstabanordnungen a (Bild 40),
b (Bild 41), c (Bild 42), d (Bild 43) und e (Bild 44). Bei
den Anordnungen des Types IIc, IId und IIe steigt die waagerechte Bremskraft bei der Ziehstabbreite b_z = 10 mm abwei-
chend von den anderen Kurven an. Beim Typ III ist bei den
beiden Anordnungen a im Bild 45 und b im Bild 46 ein leichter

Kraftabfall zu beobachten. Auch die anderen Anordnungen c bis
e des Typs III, dargestellt in den Bildern 47 bis 49, weisen
bei veränderter Höhe nur sehr leichte Abweichungen in der
waagerechten Bremskraft auf. Die höchsten prozentualen Abweichungen sind beim Typ I in den Bildern 35 bis 39 zu erkennen. Der höchste Kraftanstieg um mehr als 50 % ist in Bild 37
für die Ziehstabanordnung I c zu verzeichnen. Diese Erhöhung
geschieht zwischen den Ziehstabhöhen /-breitenverhältnissen
von etwa 0,3 bis 0,5. Bei den Anordnungen a bis e vom Typ II
(Bilder 40 bis 44) und vom Typ III (Bilder 45 bis 49) hingegen sind die gesamten Kraftunterschiede zwischen den Verhältniswerten 0,125 und 0,5 in den meisten Fällen sehr viel geringer. Die genauen Werte der Kraftabweichungen der waagerechten Bremskraft zwischen den Ziehstabhöhen /-breitenverhältnis-
sen 0,125 bis 0,3 und 0,3 bis 0,5 sind in der Tabelle 7 für die
Anordnungen a bis e der Typen I bis III zusammengefaßt.

Wie aus den vorstehenden Ausführungen zu ersehen ist, läßt
sich generell über den Einfluß der Ziehstabhöhe sagen, daß
dieser bei den Anordnungen des Typs I, also bei den doppelt
besetzten Ziehstabaufnahmen am größten ist und mit zunehmendem Abstand der Ziehstäbe von der Ziehkante immer geringer
wird. Des weiteren läßt sich aus den Bildern 35 bis 49 erkennen, daß die waagerechte Bremskraft F_{Bw} bei kleinen und
großen Ziehstabhöhen am größten ist, während sie in vielen
Fällen bei einer mittleren Ziehstabhöhe, also etwa bei einem
Verhältnis Ziehstabhöhe /-breite von 0,3 ein z. T. ausgepräg-
tes Minimum aufweist.

2.3.1.3 Verlauf der senkrechten Bremskraft

Als letzte der gemessenen Kräfte soll nun anhand der Bilder
35 bis 49 die senkrechte Bremskraft F_{Bs} besprochen werden.
Zunächst interessiert auch hier wieder der Einfluß der Ziehstabbreite auf den Kraftverlauf. Ebenso wie bei der vorher-
gehend besprochenen waagerechten Bremskraft ergeben sich
z. T. beträchtliche Abweichungen der bei den verschiedenen
Breiten aufgenommenen Kurven. Am größten sind diese Unter-

schiede, wie man in den Bildern 45 bis 49 erkennt, bei den
Anordnungen des Typs III, da die Absolutwerte der hier gemessenen Kräfte relativ am niedrigsten liegen. Aus den Bildern 35 bis 39 ist zu erkennen, daß die geringsten Abweichungen bei den Anordnungen des Typs I mit knapp 30 % bei
der kleinsten Ziehstabhöhe zu verzeichnen sind. Im allgemeinen kann man in den Bildern 35 bis 49 für die senkrechte
Bremskraft beobachten, daß mit zunehmender Höhe, d. h. also
mit größer werdendem Verhältnis Ziehstabhöhe /-breite
h_z/b_z die Abweichungen der Kurven untereinander abnehmen.
Das bedeutet, daß bei größeren Ziehstabhöhen der Einfluß
der Ziehstabbreite geringer wird. Dieser Tatsache wurde auch
bei der Erstellung der Tabelle 8 Rechnung getragen; darin ist
die Streubreite der bei den verschiedenen Ziehstabbreiten aufgenommenen Kurven der senkrechten Bremskraft F_{Bs} für alle Anordnungen a bis e und alle Typen I bis III bei den Ziehstabhöhen /-breitenverhältniswerten h_z/b_z = 0,125, 0,3 und 0,5
aufgeführt.

Ähnlich wie bei der waagerechten Bremskraft läßt sich für
die senkrechte Bremskraft aus den Bildern 35 bis 49 erkennen,
daß die Kurven bei der Ziehstabbreite b_z = 10 mm wieder die
höchsten und bei b_z = 16 mm die niedrigsten Werte aufweisen.
Die dazwischenliegenden Kurven für b_z = 8 mm, 12 mm und 14 mm
zeigen bei den Typen I (Bilder 35 bis 39) und II (Bilder
40 bis 44) nahezu den gleichen Verlauf, während in den Bildern
45 bis 49 dahingehend einige uneinheitliche Tendenzen zu
beobachten sind.

Festzuhalten ist, daß auch hier die bei einer Ziehstabbreite
von 10 mm aufgenommene Kurve am höchsten und die bei 16 mm
am niedrigsten liegt. Aus Tabelle 8 wurde bereits deutlich,
daß die Ziehstabhöhe einen Einfluß auf die Abweichungen zwischen den Kurven in den Bildern 35 bis 49 hat. Ebenso ist
hier bei der senkrechten Bremskraft F_{Bs} ein direkter Einfluß der Ziestabhöhe auf die Größe der aufzubringenden Kraft
zu erkennen. In den Bildern 35 bis 49 kann man für F_{Bs} bei
allen Ziehstabanordnungen a bis e und allen drei Typen I bis
III einen Anstieg mit zunehmender Ziehstabhöhe beobachten.

Dieser ist mit Werten zwischen 21 % und 33 % bei den Anordnungen des Typs III in den Bildern 45 bis 49 am geringsten. Wie man aus den Bildern 35 bis 39 für den Typ I und aus den Bildern 40 bis 44 für den Typ II sieht, liegen zwischen den Ziehstabhöhen/-breitenverhältnissen von 0,125 bis 0,5 fast gleich große Kraftanstiege zwischen 41 % und 68 % vor. Die bedeutendsten Differenzen sind bei der Anordnung c zu beobachten, also dort, wo sich die besetzten Ziehstabaufnahmen gegenüberliegen. Sie betragen für den Typ I (Bild 37) etwa 68 % und für den Typ II (Bild 42) knapp 65 %. Diese Werte sind, ebenso wie die im folgenden behandelten Prozentsätze, der Tafel 10 entnommen, wo die Kraftanstiege der senkrechten Bremskraft F_{Bs} zwischen den Ziehstabhöhen/-breitenverhältnissen h_z/b_z von 0,125 bis 0,5 aufgeführt sind. Die geringsten Kraftanstiege sind demnach ebenso wie die kleinsten Absolutwerte (Tabelle 9) bei den Anordnungen d (Bilder 38, 43 und 48) und e (Bilder 37, 44 und 49) vorhanden, wohingegen bei c (Bilder 37, 42 und 47), gefolgt von a (Bilder 35, 40 und 45) und b (Bilder 35, 41 und 46) die größten Kräfte auftreten. Aus den Bildern 35 bis 39 ist zu ersehen, daß diese Erscheinung besonders beim Typ I ausgeprägt ist, wogegen für den Typ III in den Bildern 44 bis 49 nur sehr geringe Unterschiede bei den Ziehstabanordnungen a bis e zu verzeichnen sind. Dies legt den Schluß nahe, daß im Niederhalter zusätzlich seitlich angebrachte Ziehstäbe (Anordnungen d und e aus Bild 34) das einfließende Blech entlasten und die Beanspruchung des Werkzeuges herabsetzen. Da diese Erscheinung von großer Wichtigkeit zu sein scheint, sind in der Tabelle 9 für die senkrechte Bremskraft F_{Bs} auch die Absolutwerte, gemittelt über der Ziehstabbreite, angegeben. Wie aus Tabelle 9 ebenfalls hervorgeht, sind die Abweichungen zwischen gleichen Anordnungen bei verschiedenen Typen z. T. sehr beträchtlich. So herrscht z. B. bei der Anordnung c zwischen den Typen I (Bild 37) und III (Bild 47) eine Kraftabnahme von etwa 45 % und zum Typ II (Bild 42) von ungefähr 22 %. Bei den anderen Anordnungen liegen diese Werte etwas niedriger.

2.3.1.4 Abschätzung der Versuchsergebnisse

Zusammenfassend kann nun über die in den Bildern 35 bis 48
und den Tabellen 4 bis 10 dargestellten Ergebnisse folgendes
festgestellt werden. Wie in den Bildern 35 bis 49 zu sehen
ist, hat die Breite der Ziehstäbe kaum einen Einfluß auf die
gemessene Stempelkraft, während sie sich bei der waagerechten und senkrechten Bremskraft im Niederhalter sehr viel
stärker auswirkt. Es stellte sich heraus, daß eine Ziehstabbreite von b_z = 10 mm die größten Kräfte hervorruft, während
bei b_z = 16 mm die geringste Belastung zu verzeichnen war.Die
Ziehstabbreiten von 8 mm, 12 mm und 14 mm lieferten in den
meisten Fällen untereinander ähnliche Kraftverläufe. Der
Einfluß der Ziehstabhöhe ist bei den drei Kräften sehr unter-
schiedlich. Während bei der Ziehstabanordnung e (Bilder 39
und 44) maximal 25 % Anstieg der Stempelkraft, bei den anderen Anordnungen, wie Tabelle 6 zeigt,jedoch wesentlich weniger
zu verzeichnen ist, sind deren Auswirkungen auf die senkrechte
und waagerechte Bremskraft wesentlich stärker. Die senkrechte
Bremskraft steigt mit zunehmender Ziehstabhöhe ohne ausge-
prägtes Minimum oder Maximum z. T. sogar linear an. Es wird
dabei eine maximale Kraftabweichung bei der Anordnung c des
Typs I (Bild 39) von etwa 68 % erreicht. Die geringsten Anstiege werden bei der Anordnung d und e des Typs III (Bilder
48 und 49) beobachtet. Insgesamt werden beim Typ III die ein-
heitlichsten Abweichungen mit zunehmender Ziehstabhöhe registriert.

Einen nichtlinearen Einfluß hat die Ziehstabhöhe auf die Verläufe der waagerechten Bremskraft. In vielen der Bilder 35 bis
49 zeigt sich in der Nähe des Ziehstabhöhen /-breitenverhält-
nisses von h_z/b_z = 0,3 ein Kraftminimum. Demnach tritt also
bei kleinen und großen Ziehstabhöhen eine waagerechte Bremskraft auf, die höher liegt als bei mittleren Verhältniswerten.
Es sollte also möglichst eine mittlere Ziehstabhöhe bei nicht
zu kleiner Breite gewählt werden, um dem Blech das Einfließen
zu erleichtern und die Werkzeugteile zu schonen.

Welche der Ziehstabanordungen a bis e hinsichtlich der auftretenden Kräfte am günstigsten ist, läßt sich nur nach dem Ab-

wägen der unterschiedlichen Einflüsse auf die einzelnen Kräfte sagen. So steigt z. B. die Stempelkraft beim Übergang von der Anordnung c mit den zwei gegenüberliegenden besetzten Ziehstabaufnahmen zur Anordnung e mit den vier symmetrisch liegenden Ziehstäben (Bild 34) bei den verschiedenen Typen um Werte zwischen 30 % beim Typ I (Bilder 37 bis 39) und 16 % beim Typ II (Bilder 42 bis 44), jeweils beim Ziehstabhöhen /-breitenverhältnis h_z/b_z = 0,5. Dagegen ist z. B. die senkrechte Bremskraft bei der Anordnung c des Types I (Bild 37) um etwa 41 % höher als bei Anordnung e (Bild 39). Genauer werden der Einfluß der Ziehstabanordnungen a bis e und der verschiedenen Ziehstabaufnahmenbesetzungen (Typ I bis III) im folgenden behandelt.

2.3.2 Einfluß der Ziehstabanordnung

Um die Zusammenhänge zwischen Kräften und Ziehstabanordnungen darstellen zu können, wurden aus den Bildern 35 bis 49 die Kraftwerte bei der konstanten Ziehstabhöhe von h_z = 4 mm herausgegriffen. Die Kraftverläufe wurden dann für die Anordnungen a bis e bei konstanter Ziehstabhöhe über der Ziehstabbreite aufgetragen. Die sich daraus ergebenden Kurven sind in den Bildern 50 bis 57 dargestellt.

Zunächst sollen die in den Bildern 50 bis 52 dargestellten Kraftverläufe diskutiert werden. In diesen drei Bildern sind jeweils für einen der drei Typen I bis III die Kraftverläufe der Stempelkraft F_{St}, der waagerechten Bremskraft F_{Bw} und der senkrechten Bremskraft F_{Bs} bei den fünf verschiedenen Ziehstabanordnungen a bis e bei konstanter Ziehstabhöhe h_z = 4 mm über der Ziehstabbreite b_z aufgetragen.

2.3.2.1 Verlauf der Stempelkraft

Über den Verlauf der Stempelkraft läßt sich aus den Bildern 50 bis 52 folgendes sagen. Übereinstimmend läßt sich hier bei allen drei Typen I bis III feststellen, daß die größten Stempelkräfte die Ziehstabanordnung e mit jeweils einer besetzten

Ziehstabaufnahme an jeder Seite des Quadrates erfordert. Aus den Bildern 50 bis 52 ist zu erkennen, daß die Ziehstabanordnungen in der weiteren Reihenfolge d, c, b und a nur kleinere Kräfte erfordern. Größere Unterschiede zwischen den Typen I bis III (Bilder 50 bis 52) herrschen bei den Anordnungen d und e vor, während die Verläufe von a bis c von der doppelten bzw. einfachen Ziehstabaufnahmenbesetzung wenig beeinflußt werden. (Näheres dazu läßt sich den später behandelten Bildern 53 bis 57 entnehmen.)

Für die Stempelkraft kann man aus den Bildern 50 bis 52 nun eindeutig feststellen, daß diese mit zunehmender Anzahl von im Niederhalter angeordneten Ziehstäben ansteigt. Dabei spielt eine doppelte Ziehstabanordnung (Typ I in Bild 59) oder ein unterschiedlicher Abstand zur Ziehkante (Typ II und III in den Bildern 41 und 42) nur eine untergeordnete Rolle. Ebenfalls einen bedeutenden Einfluß auf die Größe der Stempelkraft, besonders bei den Anordnungen d und e, hat die Ziehstabbreite b_z.

Die Kombination von Ziehstabbreite und Ziehstabhöhe bestimmt den Radius des Ziehstabes, welcher der Höhe von $h_z = 4$ mm entspricht. So ergibt sich bei der Ziehstabbreite von $b_z = 8$ mm ein sehr viel schrofferer Übergang im Niederhalter, als dies bei $b_z = 14$ mm oder 16 mm zu beobachten ist. Es ist also in einem solchen Fall eine sehr viel höhere Stempelkraft aufzuwenden, um das Blech in den Ziehspalt hineinzuziehen. Dementsprechend weisen die Kurven in den Bildern 50 bis 52, abgesehen von einigen Ausnahmen bei den Anordnungen a und b, den erwarteten Verlauf auf. Dieser Verlauf ist durch einen Abfall zu größeren Ziehstabbreiten hin gekennzeichnet. Die Höhe dieser Stempelkraftabnahmen staffelt sich, ebenso wie die Absolutwerte, nach den Ziehstabanordnungen e- d - c - b - a.

Die aus den Bildern 50 bis 52 entnommenen prozentualen Abweichungen der Stempelkraftverläufe zwischen den <u>Ziehstabbreiten</u> $b_z = 8$ mm und 16 mm sind in der Tabelle 11 zusammengefaßt. Es ist bei dieser Tafel darauf zu achten, daß für die Anordnung a bei den Typen I bis III nur der Kraftabfall zwischen

den Breiten b_z = 8 mm und 12 mm berücksichtigt wurde, da,
wie den Bildern 50 bis 52 zu entnehmen ist, zwischen den Ziehstabbreiten b_z = 12 mm und 16 mm wieder ein leichter Kraftanstieg erfolgt.

Allgemein läßt sich zu den Verläufen der Stempelkraft F_{St} bei
konstanter Ziehstabhöhe, aufgetragen über der Ziehstabbreite,
feststellen, daß die Kraft stark durch die Ziehstabanordnungen
sowie durch die Ziehstabbreite beeinflußt wird. Es ist demnach
besonders dann beim Einsatz von Ziehstäben mit einer erhöhten
Stempelkraft zu rechnen, wenn der Werkstofffluß im Niederhalter des Werkzeugs durch ungünstige Höhen /Breitenverhältnisse
der Ziehstäbe sowie durch deren Einsatz an allen geraden oder
leicht gekrümmten Kanten stark behindert wird.

2.3.2.2 Verlauf der waagerechten Bremskraft

Die waagerechte Bremskraft F_{Bw} wird von den drei Typen I bis
III der Ziehstabanordnungen sehr viel mehr beeinflußt als die
Stempelkraft F_{St}. Dies geht aus den Kraftverläufen hervor,
die ebenfalls in den Bildern 50 bis 52 dargestellt sind.

Für Typ I geht aus dem Bild 50 besonders augenfällig hervor,
daß ein relativ großer Kraftunterschied zwischen den Kurven
der Anordnungen a und b und denen der Anordnungen c, d und e
besteht. Die Ziehstabanordnungen c und d liegen mit ihrem
Maximum bei b_z = 10 mm etwa genauso hoch wie der höchste Wert
der Anordnung e bei b_z = 8 mm. Aus Bild 50 erkennt man aber
auch, daß der Kraftverlauf der Anordnung e für Ziehstabbreiten
größer als b_z = 8 mm zum größten Teil unter denen der Anordnungen c und d liegt. Es tritt also dort eine Entlastung des
einzelnen Ziehstabes auf, wenn zusätzlich weitere Bremswulste
eingesetzt werden. So kann es also hinsichtlich der Bremswirkung günstiger sein, Ziehstäbe gezielt gegenüberliegend an-
zuordnen, wenn es das Ziehteil erlaubt, anstatt sie an allen
freien Kanten des Werkzeuges einzusetzen. Aus Bild 50 erkennt
man, daß der Kraftverlauf von F_{Bw} bei der Anordnung b ebenfalls ein Maximum bei b_z = 10 mm hat, dieses aber etwa 40 %
niedriger liegt als bei c und d.

Am geringsten wird die waagerechte Bremskraft bei der Ziehstabanordnung a. Hier hat das Blech an den drei nicht durch Bremswulste behinderten Seiten die größten Möglichkeiten, in den Ziehspalt einzufließen. Daher werden an der einen, doppelt besetzten Ziehstabaufnahme nur geringe Belastungen registriert. Der Maximalwert des Kraftverlaufes beim Typ Ia bei der Ziehstabbreite b_z = 8 mm liegt etwa 50 % unter dem bei Ic aufgenommenen Wert.

Zum zahlenmäßigen Vergleich des Einflusses der Ziehstabanordnungen a bis e auf die Verläufe der waagerechten Bremskraft F_{Bw} bei den Typen I, II und III sind in der Tabelle 12 die Absolutwerte bei einer Ziehstabbreite von b_z = 10 mm aufgeführt.

Welchen Einfluß die <u>Ziehstabbreite</u> hier auf die waagerechte Bremskraft hat, läßt sich ebenfalls aus Bild 50 für den Typ I ablesen. Demnach fällt die absolute Kraftabnahme bei zunehmender Ziehstabbreite b_z von der Anordnung e bis a immer geringer aus. Es wirken sich also Ziehstabbreitenerhöhungen bei den Anordnungen mit einer größeren Bremskraftwirkung sehr viel stärker kraftvermindernd aus als bei solchen Anordnungen, bei denen ohnehin nur geringe Kräfte gemessen wurden. Die entsprechenden prozentualen Angaben über den Kraftabfall von F_{Bw} bei steigender Ziehstabbreite wurden den Bildern 50 bis 52 entnommen. Sie sind für die Anordnungen a bis e bei den drei Typen I bis III in Tabelle 13 enthalten.

Etwas abgewandelte Verhältnisse zeigen sich in den Bildern 51 und 52 für die beiden anderen Typen II und III. Diese beiden Typen mit den einzeln, mit unterschiedlichem Abstand zur Ziehkante in den Ziehstabaufnahmen montierten Ziehstäben sollen im folgenden vergleichend diskutiert werden, da die Annahme nahe liegt, daß eben die Ziehkantenentfernung einen wesentlichen Einfluß auf die auftretenden waagerechten Bremskräfte im Niederhalter hat.

Mit Bild 51 stellt man beim Typ II eine bestimmte Reihenfolge der Kurven nach der Größe der Kraft fest, ähnlich wie für den Typ I in Bild 50. Auch hier zeigt die Anordnung c die größte

<u>Bremswirkung</u>, charakterisiert durch die höchste waagerechte
Bremskraft. Es folgen die Verläufe der Anordnungen e und d.
Die noch etwas darunter liegenden Kräfte bei a und b sind nahezu identisch. Verglichen mit den Anordnungen des Typs I in
Bild 50 liegt der Kraftverlauf bei c nur um wenige Prozent,bei
d und e jedoch schon beträchtlich niedriger. Die Werte bei
der Ziehstabanordnung b sind bei den Typen I und II etwa
gleich groß, während beim Vergleich der beiden Bilder 50 und
51 deutlich zu erkennen ist, daß der Kraftverlauf bei der
Ziehstabanordnung a bei einfacher Ziehstabaufnahmenbesetzung
(Typ II) wesentlich höher liegt als bei der Doppelbesetzung
des Typs I.

Wie aus Bild 51 zu ersehen ist treten beim Typ II die maximalen waagerechten Bremskräfte F_{Bw} alle bei einer Ziehstabbreite b_z = 10 mm auf. Sie sind in der Tabelle 12 angegeben.

Der Einfluß der Ziehstabbreite b_z auf die waagerechte Bremskraft ist bei den Anordnungen des Typs II (Bild 51) größer
als bei denen des Typs I im Bild 49. Sowohl die maximalen
Abweichungen bei der Anordnung e bzw. d als auch der durch-
schnittliche Kraftabfall sind im Bild 51 stärker ausgeprägt.

Ein im Vergleich zum Typ II (Bild 51) vollkommen anderer Verlauf zeigt sich im Bild 52 für die Anordnungen des Typs III.
Deren Kurven liegen derart nahe beieinander, daß über den gesamten Ziehstabbreitenbereich keine der Ziehstabkombinationen
die höchste waagerechte Bremskraft aufweist. So differieren
die Anordnungen a und e im Bild 52 mit ihren Maximalwerten
bei der Ziehstabbreite b_z = 8 mm nur um etwa 10 %, während
bei den größeren Breiten bis 16 mm diese Abweichungen noch
geringer sind. Lediglich der für die Ziehstabanordnung c gemessene Verlauf des Typs III entspricht in etwa dem der glei-

wirkende Bremskraft unabhängig von der Anzahl der im Werkzeug
angeordneten Ziehstäbe zunimmt und bei manchen Anordnungen
sogar höhere Kräfte als bei doppelter Ziehstabaufnahmenbesetzung vom Typ I (Bild 50) annimmt.

Der Grund für das Anwachsen der waagerechten Bremskraft von
den Ziehstabanordnungen des Typs II (Bild 51) zu denen des
Typs III (Bild 52) dürfte wohl darin zu suchen sein, daß das
Blech sich im Niederhalter infolge der auftretenden Belastung
dehnt. Diese Dehnung mit plastischem und elastischem Anteil
findet zwischen der Ziehkante und dem Ziehstab statt. Dabei
stellt die elastische Rückfederung des Bleches eine zusätzliche Belastung dar. Das elastische Formänderungsvermögen
allerdings ist von der gedehnten Länge und damit vom Abstand
des Ziehstabes zur Ziehkante abhängig. Mit dem elastischen
Anteil steigt somit auch die durch diese Erscheinung hervor-
gerufene, zusätzlich waagerecht auf den Ziehstab wirkende
Kraft an.

2.3.2.3 <u>Verlauf der senkrechten Bremskraft</u>

Während die waagerechte Bremskraft F_{Bw} praktisch den Widerstand darstellt, der dem Blech beim Einfließen in die Umformzone in horizontaler Richtung entgegengesetzt wird, ist die
senkrechte Bremskraft F_{Bs} in etwa mit der durch die Ziehstäbe erzeugten Niederhalterkrafterhöhung gleichzusetzen. Demnach ist zu erwarten, daß die senkrechte Bremskraft bei einer
doppelten Ziehstabaufnahmenbesetzung, also beim Typ I (Bild 50),
höher ausfällt, als bei einer der anderen Typen II bis III
(Bilder 51 und 52).

Diese Erscheinung ist auch in den angegebenen Bildern 50 bis
52 gut zu erkennen. An späterer Stelle soll noch genauer auf
die Unterschiede zwischen den Typen eingegangen werden (Bilder 53 bis 57). Zunächst sollen die Verläufe der senkrechten
Bremskraft hinsichtlich des Einflusses der <u>Ziehstabanordnungen</u>
a bis e untersucht werden.

Die größten Abweichungen der Kurven untereinander kann man
hier auch wieder aus dem Bild 50 für die Anordnungen des

Typs I erkennen. Beim Typ II (Bild 51) liegen die Kurven
schon viel näher beieinander, während im Bild 52 zu sehen
ist, daß die Abweichungen, ähnlich wie bei F_{Bw}, vernachlässigbar gering werden. Die höchste senkrechte Bremskraft F_{Bs}
wird auch hier wieder bei der Ziehstabanordnung c erreicht.
Hier wurde ebenfalls die größte waagerechte Bremskraft F_{Bw}
registriert (Bilder 50 und 51). Nur geringfügig niedriger
liegt der Kraftverlauf bei der Anordnung a, während die vier-
fache Ziehstabaufnahmenbesetzung der Anordnung e zusammen mit
d die kleinsten Werte liefert.

Wie aus Bild 50 hervorgeht, nimmt die Niederhalterkraft also
mit zunehmender Anzahl von eingesetzten Ziehstäben (Anordnungen d und e) um etwa 25 % gegenüber der bei der Anordnung c
erreichten Kraft ab. In Tabelle 14 sind die Maximalwerte der
Kurven von F_{Bs} der Bilder 50 bis 52 bei einer Ziehstabbreite
von b_z = 10 mm aufgeführt. Aus dieser Tabelle 14 und Bild 52
wird deutlich, daß die verschiedenen Anordnungen a bis e praktisch keinen Einfluß mehr auf die Höhe der Maximalkraft im
Niederhalter haben.

Sehr stark wirkt sich bei der senkrechten Bremskraft F_{Bs} die
<u>Ziehstabbreite</u> b_z aus. Aus den Bildern 50 bis 52 wird sehr
gut deutlich, daß ein Kraftmaximum bei einer Breite von 10 mm
vorliegt, von wo aus F_{Bs} zu größeren Ziehstabbreiten hin
deutlich abfällt. Um hier Vergleiche zu ermöglichen, sind in
Tabelle 15 die prozentualen Kraftabnahmen zwischen den Ziehstabbreiten b_z = 10 mm und 16 mm für die drei Typen zusammengefaßt.

2.3.2.4 <u>Abschätzung der Versuchsergebnisse</u>

Mit Hilfe der in den Bildern 50 bis 52 gefundenen Ergebnisse
lassen sich nun einige Schlüsse für den praktischen Einsatz
der Ziehstäbe in Tiefziehwerkzeugen, besonders im Hinblick
auf die durch sie erreichte Bremswirkung, ziehen. Für den
Fall, daß im Werkzeug für ein Tiefziehteil Ziehstäbe in
symmetrischer Anordnung wie z.B. bei e montiert sind, erreicht man durch eine doppelte Ziehstabanordnung (Bild 50)nur

eine geringfügig höhere Bremsung gegenüber einer der einfachen Anordnung (Bilder 51 und 52). Liegt dagegen ein solches Ziehteil vor, bei dem nur an bestimmten Stellen Ziehstäbe eingesetzt werden sollen, so scheint man eine bessere Bremswirkung zu erzielen, wenn diese Ziehstäbe nicht direkt an der Ziehkante, sondern in einem gewissen Abstand hiervon angeordnet werden. Ebenso läßt sich bei einer dem Typ III entsprechenden Anordnung der Einfluß der Ziehstabbreite infolge der Linearität der dort herrschenden Kraftverläufe besser vorausbestimmen.

Ein gewichtiger Grund für den Einsatz von Ziehstäben entsprechend dem in Bild 52 behandelten Typ III, also mit dem größeren Abstand zur Ziehkante, ist die dann zu erwartende niedrigere Stempelkraft im Vergleich zu den anderen Anordnungen. Wie weit sich die Unterschiede zwischen den einzelnen Typen I bis III bei der senkrechten Bremskraft bemerkbar machen, soll im folgenden untersucht werden.

2.3.3 Kraftverläufe bei gleicher Ziehstabanordnung

Um die Unterschiede der Kraftverläufe bei gleicher Anordnung a bis e der Ziehstäbe, aber verschiedener Ziehstabaufnahmenbesetzung besser ersichtlich zu machen, wurden die Bilder 53 bis 57 angefertigt. Hierin sind die Stempelkraft F_{St}, die waagerechte Bremskraft F_{Bw} und die senkrechte Bremskraft F_{Bs} bei der konstanten Ziehstabhöhe h_z = 4 mm bei den drei Typen für jeweils eine der fünf Ziehstabanordnungen über der Ziehstabbreite b_z aufgetragen. Somit lassen sich die bereits in den Bildern 50 bis 52 begonnenen Vergleiche der Typen I bis III untereinander besser durchführen. Auffällig bei den Verläufen der Stempelkraft ist, daß nennenswerte Abweichungen zwischen den drei Typen hauptsächlich bei den Anordnungen d (Bild 56) und e (Bild 57) auftreten, während sich die drei Kurven bei den Anordnungen a bis c (Bilder 53 bis 55) sehr stark vermischen und nicht mehr eindeutig getrennt werden können. Wie bereits oben erwähnt, steigt die Stempelkraft bei der Anordnung e mit zunehmender Anzahl von eingesetzten Ziehstäben. Dieser Einfluß der Ziehstabanzahl verschwindet fast ganz bei den Anordnungen a bis c. Sehr ähnliche Verläufe zeigen sich bei allen drei Typen für die Anordnung b (Bild 54) und c (Bild 55), also bei jeweils nur zwei besetzten Ziehstabaufnahmen. Die Stempelkräfte bei der Anordnung c liegen dabei lediglich etwas höher.

Während die Stempelkräfte bei den Anordnungen b bis e (Bilder 54 bis 57) mit zunehmender Ziehstabbreite kleiner werden, zeigt sich bei den Verläufen der Anordnung a im Bild 53 ein z. T. deutliches Kraftminimum bei der Ziehstabbreite b_z = 12 mm.

Wie bereits oben erwähnt, ergibt sich bei den Verläufen der waagerechten Bremskraft F_{Bw} für die drei Typen I bis III ein jeweils vollkommen anderes Bild. So erkennt man aus Bild 57 für die Anordnung e bei den Typen I und III fast gleiche Kraftverläufe, die beide wesentlich höher liegen als die des Typs II. Auch bei der Anordnung d (Bild 56) erreichen I und III bessere Bremswirkungen als II. Bei der Anordnung c hingegen ist in Bild 55 eine regelrechte Ausnahme zu beobachten. Hier unterscheiden sich die drei Kurven bei doppelter und einfacher Ziehstabaufnahmenbesetzung fast gar nicht voneinander. So scheint es für die Bremsung des Materials hier von sehr untergeordneter Bedeutung zu sein, ob mehrere Ziehstäbe hintereinander angeordnet sind oder ob einzeln angebrachte Ziehstäbe einen großen oder kleinen Abstand zur Ziehkante aufweisen.

In den Bildern 53 und 54 ist dann zu erkennen, daß die Bremswirkung beim Typ III eindeutig größer ist als bei I und II. Diese Erscheinung kann beim gezielten Einsatz von einzelnen Ziehstäben in einem Tiefziehwerkzeug praktisch angewandt werden.

Für die senkrechte Bremskraft F_{Bs} ist aus den Bildern 53 bis 57 für die drei Typen I bis III sehr gut zu erkennen, daß bei allen fünf Ziehstabanordnungen a bis e die zusätzliche Belastung des Niederhalters eindeutig durch die Anzahl der hintereinander angeordneten Ziehstäbe sowie durch deren Abstand zur Ziehkante beeinflußt wird. So liegt in allen Fällen

die Kraft F_{Bs}, die beim Typ I hervorgerufen wird, deutlich über
der des Typs II, und diese wiederum ist höher als beim
Typ III.

2.3.4 Abschätzung der Versuchsergebnisse

Im folgenden soll nun noch einmal zusammengefaßt werden, was
als wichtigstes aus den Messungen der drei Kräfte geschlos-
sen werden kann. Man ist bisher davon ausgegangen, daß die
gesamte Belastung eines Werkzeuges durch die Anzahl der im
Niederhalter montierten Ziehstäbe negativ beeinflußt wird.
Diese Feststellung kann aus den vorliegenden Ergebnissen
nur für die Stempelkraft als zutreffend angesehen werden.
Schon beim Betrachten der zusätzlich im Niederhalter durch die
Ziehstäbe erzeugten senkrechten Bremskraft zeigt sich, daß
eine gewisse symmetrische Anordnung von nur zwei besetzten
Ziehstabaufnahmen (Anordnung c im Bild 34) die Niederhalter-
belastung gegenüber einer allseitigen Ziehstabbesetzung stark
erhöht.

Wie besonders aus den Bildern 50 bis 57 hervorgeht, nimmt die
senkrechte Bremskraft mit zunehmendem Abstand des Ziehstabes
zur Ziehkante ab, während die waagerechte Bremsung des Bleches beim Einfließen in den Ziehspalt bei einer großen Ziehkantenentfernung jedoch ebenso hohe oder sogar höhere Werte
als bei doppelter Ziehstabaufnahmenbesetzung aufweist. So
sollte es z. B. möglich sein, durch gezielten Einsatz nur
einzelner Ziehstäbe mit einem gewissen Abstand zur Ziehkante
eine hohe Bremswirkung zu erzielen und gleichzeitig die Werk-
zeugbelastung, also Stempelkraft und senkrechte Bremskraft,
herabsetzen zu können. Zu beachten ist in einem solchen Fall
natürlich daß, um die Faltenbildung im Flansch des Ziehteils
zu verhindern, die senkrechte Bremskraft einen bestimmten Wert
nicht unterschreiten darf. Ebenso muß bei größerem Abstand
der Ziehstäbe zur Ziehkante ein genügend großer Platinenzu-
schnitt vorgesehen werden, um die Ziehstäbe nicht wirkungslos
werden zu lassen.

Ein in der Praxis gut durchführbares Mittel zur Steuerung der
auftretenden Kräfte ist eine Variation der Ziehstabbreite

bei gegebener Ziehstabhöhe. Die in den entsprechenden Tafeln und Bildern dieser Arbeit angegebenen Kraftabweichungen bei den verschiedenen Ziehstabbreiten können dazu als Anhalts- werte benutzt werden.

2.3.5   Einfluß von Niederhalterkraft, Platinendurchmesser
         und Ziehradius

In den Bildern 58 bis 60 wurden die Verläufe der Stempel- kraft, der waagerechten und der senkrechten Bremskraft in Ab- hängigkeit von Niederhalterkraft, Platinendurchmesser und Zieh- radius für die Ziehstabanordnung e, Typ II aufgetragen. Mit zunehmender Niederhalterkraft und Platinendurchmesser steigen die Kräfte an; mit zunehmendem Ziehradius werden sie dagegen kleiner.

2.4   Verlauf der Formänderungen

2.4.1   Bestimmung der Formänderungen

Die Formänderungen an den verschiedenen Stellen des Ziehteiles werden mit dem Liniennetzverfahren bestimmt [31]. Zur Ermitt- lung der einzelnen Formänderungen wurden die notwendigen Schnitte auf das Ziehteil gezeichnet und die durchlaufenen Ellipsen numeriert. Bild 61 a zeigt die Aufnahme dieses Zieh- teils mit den gekennzeichneten Schnitten. In diesen Schnitten wurden die Umformgrade φ_1, φ_2 bzw. φ_3 und φ_v aus den Ellip- senabmessungen ermittelt [31].

Das Prinzip der Auswertung ist aus Bild 61 b zu ersehen. Die Umformgrade in der Achsenrichtung der Ellipsen werden durch die folgenden Gleichungen definiert:

$$\varphi_1 = \ln \frac{2a}{d} \, , \qquad \varphi_2 = \ln \frac{2b}{d}$$

Die Spannungen, die die Umformung verursachen, wirken nur in der Blechebene, aber die Umformung selbst erfolgt auch in der Blechdickenrichtung. Die Ausgangsblechdicke s_o wird auf die Dicke s_1 geändert. Dann ist die Umformung in dieser Richtung

$$\varphi_3 = \ln \frac{s_1}{s_o}$$

Aus dem Gesetz der Volumenkonstanz ($\varphi_1 + \varphi_2 + \varphi_3 = 0$) ergibt sich

$$\varphi_3 = - (\varphi_1 + \varphi_2)$$

Der Vergleichsumformgrad φ_v dient zur Kennzeichnung des Formänderungszustands und zeigt den Zusammenhang zwischen den Formänderungen. Er errechnet sich aus [31]

$$\varphi_v = \frac{2}{\sqrt{3}} \sqrt{\varphi_1^2 + \varphi_1 \varphi_2 + \varphi_2^2}$$

Die Umformung kann man also an der festgelegten Stelle mit den Werten φ_1, φ_2, φ_3 beschreiben oder sie mit dem einzigen Wert φ_v darstellen.

Die ermittelten Formänderungen wurden für alle Ziehteile graphisch dargestellt. Aus der Vielzahl dieser Darstellungen wurden Bild 62 und 63 als Beispiele ausgewählt. Aus der Formänderungsverteilung erkennt man in allen Bildern größere Unterschiede in Art und Größe der Beanspruchungen zwischen Ecken, Abrundungen, Seitenwänden und dem Mittelteil des Ziehteils. Zur Ermittlung des Einflusses von Ziehstäben auf die Formänderungen wurden aus den Kurvenverläufen von φ_1, φ_2, φ_3 und φ_v für jedes Ziehteil die maximalen Vergleichsumformgrade errechnet. Mit Hilfe dieser maximalen Vergleichsumformgrade wurde dann der Einfluß von Ziehstabanordnung, Ziehstabbreite und -höhe, Ziehradius, Niederhalterkraft und Platinendurchmesser auf den Ziehvorgang bestimmt.

2.4.2   Einfluß der Ziehstäbe

Das Ziel dieser Untersuchungen war, die Einflüsse von Ziehstäben bzw. deren Abmessungen und Anordnungen auf die Formänderungen zu ermitteln. Insbesondere sollten die Auswirkungen unterschiedlicher Ziehstabanordnungen im Niederhalter sowie der Variationen der Ziehstabhöhe und Ziehstabbreite untersucht werden.

Die bei den Versuchen auftretenden Formänderungen sind die Umformgrade φ_1, φ_2 und φ_3. Aus diesen Umformgraden werden die maximalen Vergleichsumformgrade $\varphi_{v\,max}$ ermittelt (Abschn. 2.4.1). Die Verläufe dieser Vergleichsumformgrade sind in Abhängigkeit von den verschiedenen Parametern in den Bildern 64 bis 89 aufgetragen.

Zunächst soll hier etwas näher auf die Darstellungen in den Bildern 64 bis 78 eingegangen werden. Es handelt sich bei diesen 15 Bildern um die Verläufe der Vergleichsumformgrade bei den fünf verschiedenen Ziehstabbreiten, aufgetragen über dem Verhältnis Ziehstabhöhe /-breite für jeweils eine der 15 Ziehstabanordnungen.

Diese Darstellungsweise mit den Verhältnissen Ziehstabhöhe / -breite wurde gewählt, um zwischen den Kurven, bei unterschiedlicher Breite, Vergleiche zu ermöglichen. Die Bilder 79 bis 81 zeigen, wie sich die Verläufe der maximalen Vergleichsumformgrade bei den fünf verschiedenen Ziehstabanordnungen a bis e der Typen I, II und III (Bild 34) über der Ziehstabbreite b_z verhalten. Dagegen zeigen die Bilder 82 bis 86 die Verläufe der maximalen Vergleichsumformgrade bei den drei Typen I, II und III der fünf verschiedenen Ziehstabanordnungen a bis e.

Aus den Bildern 87 bis 89 sind die Verläufe der maximalen Vergleichsumformgrade über der Niederhalterkraft, dem Platinendurchmesser und dem Ziehradius zu ersehen.

Aus den Bildern 64 bis 78 (siehe hierzu auch Tabelle 16) erkennt man, daß bei der Anordnung a der Typen I, II und III die maximalen Vergleichsumformgrade die größten Werte φ_{vmax} besitzen (Typ I: φ_{vmax} = 33,7%, Typ II: φ_{vmax} = 38,5% und Typ III: φ_{vmax} = 43,9%). Danach folgt die Anordnung c, die kaum unterschiedliche Werte zu der Anordnung a aufweist (Typ I: φ_{vmax} = 32,7%, Typ II: φ_{vmax} = 36,9% und Typ III: φ_{vmax} = 43,9%). Die minimalen Werte sind in der Anordnung d für den Typ I (φ_{vmax} = 21,2%) und in der Anordnung e für die Typen II und

III (φ_{vmax}= 11,8% und φ_{vmax}= 34,2%). Die maximalen Vergleichsumformgrade der drei Typen und fünf Anordnungen mit der Ziehstabbreite b_z = 8 mm sind gegenüber denen mit b_z = 16 mm relativ klein, d. h. je größer die Ziehstabbreite, desto
größer werden die Werte der Vergleichsumformgrade,und die Kurven steigen mit zunehmendem Verhältnis Ziehstabhöhe/-breite
h_z/b_z an, ausgenommen bei den Verhältniswerten h_z/b_z =
0,2 bis 0,3, wo die minimalen Werte liegen.

Aus den in den Bildern 79 bis 81 dargestellten maximalen
Vergleichsumformgraden können wir die in Tabelle 17 dargestellten prozentualen Anstiege bzw. Abnahmen bei den Ziehstabbreiten b_z = 8 mm und 18 mm ermitteln, desgleichen die
prozentualen Anstiege bzw. Abnahmen der maximalen Vergleichsumformgrade für die Ziehstabbreiten von b_z = 8 mm bis
b_z = 10 mm, 10 bis 12 mm, 12 bis 14 mm und 14 bis 16 mm.
Diese sind in Tabelle 18 aufgeführt.Die Tabellen 19 und 20 zeigen die Werte der maximalen Vergleichsumformgrade aus den Bildern 82 bis 86, wobei die minimalen Werte auch im Bereich der
Ziehstabbreiten 10 bis 12 mm liegen.

2.4.3   Einfluß von Niederhalterkraft, Platinendurchmesser
         und Ziehradius

In den Versuchen, deren Ergebnisse in den Bildern 87, 88 und
89 dargestellt sind, wurde die Abhängigkeit der Niederhalterkraft, des Platinendurchmessers und des Ziehradius von den
maximalen Vergleichsumformgraden gezeigt. Bild 87 zeigt, daß
die Vergleichsumformgrade mit zunehmender Niederhalterkraft
immer größer werden. In Bild 88 ist der Verlauf der maximalen Vergleichsumformgrade über dem Platinendurchmesser dargestellt. Je größer der Platinendurchmesser, desto größer
werden die Werte der Vergleichsumformgrade. In Bild 89 kann
man dagegen erkennen, daß mit zunehmendem Ziehradius die Werte der maximalen Vergleichsumformgrade kleiner werden.

2.5   Einfluß des Schmierstoffes auf die Tiefziehbarkeit

2.5.1   Allgemeines

Um die Größe der Umformung zu kennzeichnen, die ein Ziehteil
bei Anwendung verschiedener Schmierstoffe erfährt, wird das
Ziehverhältnis β_{max} für rechteckige Ziehteile verwendet. Das
Grenzziehverhältnis $\beta_{max} = (d_o/d_{St})_{max}$ ist eine werkstoffcha-
rakteristische Kenngröße, die eine Aussage über die mögliche
Grenzverformung bei einem Tiefziehvorgang gibt [40]. Dieses
maximale Ziehverhältnis wird ermittelt, indem man Ronden mit
unterschiedlichen Durchmessern d_o bei gleichbleibendem Stempeldurchmesser d_{St} zieht. Bei den hier behandelten Versuchen
werden aus runden Blechzuschnitten quadratische Ziehteile gezogen. Nach PANKNIN und DUTSCHKE [41] können die Gesetzmäßigkeiten des Ziehens runder Teile weitgehend auf quadratische
und rechteckige Teile übertragen werden, wenn man aus der
Zuschnittsfläche A_o und der Stempelquerschnittsfläche A_{St} die
äquivalenten Durchmesser d_o' und d_{St}' flächengleicher Kreise
berechnet. Im vorliegenden Fall errechnet sich das Grenzziehverhältnis zu:

$$\beta_{max} = (d_o)_{max} / d_{St}'.$$

Aus Bild 29 läßt sich ein äquivalenter Stempeldurchmesser
$d_{St}' = 224,7$ mm ermitteln.

Die maximalen Formänderungen wurden mit Hilfe von Liniennetzen
bestimmt [31]. Trägt man die ermittelten Umformgrade in ein
Grenzformänderungsschaubild [42] ein, so kann man das Umformverhalten der Bleche und somit - auf unsere Versuche übertragen - das Schmierstoffverhalten beurteilen [39]. Während beim
Tiefziehen runder Teile die Umformung gleichmäßig am Umfang
des Blechzuschnitts erfolgt, ergaben sich beim Ziehen quadratischer Werkstücke die höchsten Beanspruchungen und Formänderungen in den Ecken, während die Seitenteile weniger
stark beansprucht werden und die Formänderungen dort kleiner
sind. Aus diesem Grund werden bei den quadratischen Ziehteilen
die örtlichen Umformgrade φ_1 und φ_2 nur in der Diagonale gemessen und ausgewertet.

2.5.2   Versuche

Die Versuche wurden mit dem Versuchswerkzeug (Bild 29)
ohne Ziehstäbe durchgeführt. Bei allen Versuchen wurden die
Niederhalterkraft und die Ziehgeschwindigkeit konstant gehalten, so daß für alle Versuche ungefähr dieselben Ausgangs-
bedingungen herrschten. Es wurden 21 verschiedene Schmierstoffe untersucht. Die zu untersuchenden Schmierstoffe lassen
sich in fünf Gruppen einteilen:

> Gruppe 1: Wassermischbare Schmierstoffe
> Gruppe 2: Reaktionsschmiermittel
> Gruppe 3: Neutrale Öle
> Gruppe 4: Lösungsmittelhaltige Schmierstoffe
> Gruppe 5: Produkte auf Cl- und S-Basis

Die verschiedenen Schmierstoffe sind in Tabelle 21 näher beschrieben und mit Nummern versehen.

2.5.3   Versuchsdurchführung

Die Untersuchungen wurden alle mit 1 mm dickem Tiefziehblech
der Qualität RRSt 1403 durchgeführt. Für die Versuche wurden
kreisrunde Platinen mit Durchmessern von 320 bis 400 mm ge-
schnitten. Die Abstufungen zwischen den verschiedenen Durchmessern betrugen jeweils 5 mm. Auf alle Blechproben wurde
elektrochemisch mit einem ERICHSEN-Blechmarkierungsgerät ein
Meßraster von Kreisen mit 4,5 mm Durchmesser aufgebracht.
Nachdem die Platinen sorgfältig mit Trichloräthylen gesäubert
waren, wurde auf beide Seiten der Platinen der jeweils zu
untersuchende Schmierstoff aufgetragen. Durch stufenweises
Tiefziehen wurde dann der maximale Platinendurchmesser $(d_o)_{max}$
ermittelt. Damit konnte das Grenzziehverhältnis β_{max} errechnet werden. Anschließend wurden die Hauptumformgrade φ_1 und
φ_2 in der Diagonalen der quadratischen Ziehteile bestimmt.
Die ermittelten Umformgrade φ_1 und φ_2 wurden dann in Grenzform-
änderungsschaubildern [42] eingetragen. Die Bilder 90 und 91
zeigen den Einfluß der 21 untersuchten Schmierstoffe auf die
Höhe des Grenzziehverhältnisses β_{max}. In Bild 90 sind die

experimentell bestimmten Grenzziehverhältnisse β_{max} den einzelnen Schmierstoffgruppen zugeordnet. Bild 91 stellt die Versuchsergebnisse der Größe nach geordnet dar. Die mit den verschiedenen Schmierstoffen ermittelten Grenzziehverhältnisse β_{max} liegen zwischen 1,42 und 1,76 und weichen somit erheblich voneinander ab. Daraus läßt sich der Schluß ziehen, daß die untersuchten Schmierstoffe einen großen Einfluß auf das Ziehverhalten des verwendeten Blechwerkstoffes haben. Auch die Formänderungsverteilungen entlang der Diagonalen der quadratischen Ziehteile weisen große Abweichungen auf. Der beobachtete Einfluß der Schmierstoffe auf die Lage im Grenzformänderungsschaubild wird durch die Änderung der Umformgrade φ_1 und φ_2 gekennzeichnet. In die Grenzformänderungsschaubilder (Bild 92 bis 96) sind jeweils die Formänderungsverläufe für die Vertreter jeder Schmierstoffgruppe eingezeichnet. Es läßt sich erkennen, daß die Schmierstoffe unmittelbar die Spannungsverhältnisse und somit die erreichbaren Umformgrade im Blech beeinflussen.

Bild 92 stellt die Formänderungsverläufe von den vier untersuchten <u>wassermischbaren Schmierstoffen</u> (Gruppe 1) dar. Man erkennt, daß der Schmierstoff 1.4 beim Tiefziehen - im Vergleich zu den anderen wassermischbaren Schmierstoffen - die betragsmäßig größten Umformgrade $\varphi_{1max} = 1,09$ und $\varphi_{2max} = -1,07$ zuläßt (siehe Punkt 5 der Kurve 1,4 in Bild 92). Das heißt der Einsatz des Schmierstoffes 4 verbessert - von den betrachteten Schmierstoffen - das Tiefziehverhalten des eingesetzten Versuchswerkstoffs am stärksten. Daß der Einsatz des Schmierstoffs 1.4 die beste Blechausnutzung gewährleistet, zeigt auch ein Vergleich der in Bild 91 gegenübergestellten Grenzziehverhältnisse β_{max}. Das Bild zeigt, daß der Schmierstoff 1.4 mit $\beta_{max} = 1,76$ von den vier betrachteten Schmierstoffen das größte Grenzziehverhältnis aufweist. Schmierstoff 1.3 eignet sich von den wassermischbaren Schmierstoffen am wenigsten als Schmiermittel beim Tiefziehen, da er mit $\varphi_{1max} = 0,78$ und $\varphi_{2max} = -0,88$ die kleinsten maximalen Umformgrade ermöglicht. Bei Verwendung der Schmierstoffe 1.1 und 1.2 kann man in etwa die gleichen maximalen Umformgrade erreichen. Da aber der vom Schmierstoff 1.2 beeinflußte Form-

änderungsverlauf den größeren Abstand zur Grenzformänderungs-
kurve aufweist, bietet Schmierstoff 1.2 mehr Sicherheit gegen
Werkstoffversagen beim Tiefziehen als der Schmierstoff 1.1
und ist diesem vorzuziehen.

Im nächsten Grenzformänderungsschaubild (Bild 93) sind die
Formänderungsverläufe in Abhängigkeit von den zwei zu be-
urteilenden Reaktionsschmiermitteln (Gruppe 2) eingezeichnet.

Man stellt fest, daß der Schmierstoff 2.2 mit $\varphi_{1max} = 1,09$
und $\varphi_{2max} = -1,07$ im Vergleich zum Schmierstoff 2.1 mit
$\varphi_{1max} = 0,68$ und $\varphi_{2max} = -0,88$ das bessere Schmiermittel
beim Tiefziehen ist. Dies zeigt auch der relativ große Unter-
schied der in Bild 90 dargestellten Grenzziehverhältnisse
($\beta_{max2.1} = 1,45$, $\beta_{max2.2} = 1,76$).

Bild 94 zeigt die Ergebnisse, die für die fünf neutralen Öle
(Gruppe 3) ermittelt wurden. Beim Tiefziehen mit Verwendung
von neutralen Ölen erzielte der Schmierstoff 3.5 mit
$\varphi_{1max} = 1,01$ und $\varphi_{2max} = -1,00$ das beste und der Schmierstoff 3.3   mit $\varphi_{1max} = 0,58$ und
$\varphi_{2max} = -0,81$ das schlechteste Ergebnis.

Die Schmierstoffe 3.4, 3.2 und 3.1 beeinflussen das Tiefziehverhalten des Versuchswerkstoffes in ähnlicher Weise, wobei
von diesen Schmierstoffen der Schmierstoff 3.1 die größte
und der Schmierstoff 3.4 die geringste Sicherheit gegen Werkstoffversagen beim Tiefziehen bietet, was sich leicht aus den
Abständen der Formänderungsverläufe von der Grenzformänderungs-
kurve ableiten läßt.

Bild 95 stellt die Formänderungsverläufe, die in Abhängigkeit von den beiden lösungsmittelhaltigen Schmierstoffen (Gruppe 4) bestimmt wurden, dar. Der Einsatz des Schmierstoffes
4.2 ermöglicht bei Tiefziehbeanspruchungen mit $\varphi_{1max} = 1,27$
und $\varphi_{2max} = -1,29$ größere maximale Umformgrade als Schmierstoff 4.1 mit $\varphi_{1max} = 1,05$ und $\varphi_{2max} = -1,09$. Daß der
Schmierstoff 4.2 beim Tiefziehen einen besseren Werkstoffaus-
nutzungsgrad erwirkt, verdeutlicht ein Vergleich der in Bild

90 dargestellten Grenzziehverhältnisse β_{max} ($\beta_{max4.2} = 1{,}69$, $\beta_{max4.1} = 1{,}56$).

Im letzten Grenzformänderungsschaubild (Bild 96) wird der Einfluß von insgesamt acht Schmierstoffen auf den Formänderungsverlauf beim Tiefziehen dargestellt. Diese acht Schmierstoffe sind <u>Produkte auf Cl- und S-Basis</u> (Gruppe 5).

Der Einsatz des Schmierstoffs 5.5 führt im Vergleich zu den anderen Schmierstoffen der Gruppe 5 zum schlechtesten Ergebnis.

Die Schmierstoffe 5.8, 5.2 und 5.7 beeinflussen nach dem Schmierstoff 5.3 das Tiefziehverhalten des Versuchswerkstoffes am günstigsten, wobei von diesen Schmierstoffen der Schmierstoff 5.2 die größte und der Schmierstoff 5.7 die geringste Sicherheit gegen Versagensfälle beim Tiefziehen aufweist.

Die Schmierstoffe 5.1 und 5.4 liegen mit $\varphi_{1max} \approx 0{,}7$ und $\varphi_{2max} \approx -0{,}9$ - bezüglich ihres Einflusses auf das Tiefziehverhalten - im Bereich zwischen Schmierstoff 5.5 und Schmierstoff 5.3.

Ein Vergleich der Schmierstoffe bezüglich der maximalen Umformgrade φ_{1max} und φ_{2max} (Bild 92 bis 96) und der Grenzziehverhältnisse β_{max} (Bild 90) zeigt erwartungsgemäß, daß mit steigenden Grenzziehverhältnissen die erreichbaren Umformgrade zunehmen.

Aus diesen Ergebnissen läßt sich die Erkenntnis ziehen, daß die Schmierstoffe unmittelbar die Änderung des Spannungsverhältnisses und somit die erreichbaren Umformgrade und Grenzziehverhältnisse beeinflussen.

Der erste Teil dieser Arbeit beschäftigt sich mit der Möglichkeit, das Verfahren der oberen Schranke zur Kraftberechnung
des Tiefziehvorgangs auszunutzen. Die Aufstellung von Ge-
schwindigkeitsfeldern, die ungefähr den in der Wirklichkeit
auftretenden entsprechen und trotzdem einen verhältnismäßig
einfachen Rechengang ermöglichen, ist mit großen Schwierigkeiten verbunden. Für rotationssymmetrische Ziehteile ergeben sich Resultate, die mit Hilfe einer Rechenanlage ohne
großen Aufwand ermittelt werden können.

Allerdings muß diese Vorgehensweise noch dahingehend verbessert werden, daß auch die Verfestigungseigenschaften des
Werkstoffes in Abhängigkeit vom Ort und Grad der Umformung
in der Berechnung mitberücksichtigt werden. Weiter wurden
in diesem ersten Teil zunächst die mathematischen Grundlagen
der Gleitlinientheorie beschrieben, wobei Veröffentlichungen
von PRAGER und HODGE und SOKOLOVSKIJ zugrunde gelegt wurden.

Der Hauptanteil der Arbeit ist der Ermittlung von zulässigen
Gleitliniennetzen gewidmet, mit deren Hilfe die Platinenformen beliebiger Ziehteile bestimmt werden können. Es werden
Möglichkeiten dargestellt, wie diese Gleitliniennetze rech-
nerisch oder zeichnerisch auf der bekannten Ziehteilform aufgebaut werden können. Mit diesen Gleitliniennetzen sind wir
in der Lage, die Kontur der Platinen zu bestimmen, sobald wir
einen Punkt auf dieser Kontur kennen. Die praktische Durch-
führbarkeit der Bestimmung der Platinenform mit Hilfe der
Gleitlinientheorie wurde anhand von Beispielen für verschiedene Ziehteilformen gezeigt.

Ein Vergleich der Zuschnitte, die für ein quadratisches Ziehteil nach OEHLER-KAISER, ROMANOWSKI sowie der Gleitlinienmethode ermittelt wurden, verdeutlicht die Brauchbarkeit der Gleitlinienmethode für die Anwendung zur Bestimmung des Zuschnitts
für komplizierte Ziehteile.

Die Verwendung von Ziehstäben verursacht eine Vergrößerung
der radialen Zugspannungen und gleichzeitig eine Verklei-

nerung der tangentialen Druckspannungen, wodurch die Gefahr
der Faltenbildung verringert wird. Der Spannungsverlauf im
Flansch eines Ziehteiles ist maßgebend für die Erwägung des
Einsatzes von Ziehstäben.

Der zweite Teil versucht, verschiedene Faktoren beim Tiefziehen von unregelmäßigen Blechteilen zu erfassen und einander
zuzuordnen, sowie einen Bezug vom Versuch zur Praxis herzu-
stellen. In die Auswertung der beim Tiefziehen auftretenden
Kräfte und Formänderungen gingen in den durchgeführten Versuchen die Stempelkraft, die waagerechte und die senkrechte
Bremskraft im Niederhalter ein. Untersucht wurde, welche Einflüsse unterschiedliche Ziehstabbreiten und -höhen sowie 15
verschiedene Anordnungen der Ziehwulste oder Ziedstäbe im
Niederhalter auf diese drei Kräfte ausüben.

Die weiteren Untersuchungen mit verschiedenen Schmierstoffen
haben gezeigt, wie sich die Umformgrade φ_1 und φ_2 und damit
die Größe der Beanspruchungen der Werkstoffe in Abhängigkeit
vom Schmierstoff ändern.

In zahlreichen Bildern und Tafeln sind die gefundenen Ab-
hängigkeiten der Kräfte und der Formänderungen von den variablen Größen dargestellt. Sie können, bei Berücksichtigung wei-
terer, nicht erfaßter Faktoren als Anhaltswerte im praktischen Bereich benutzt werden.

4   <u>Bilder, Tabellen</u>

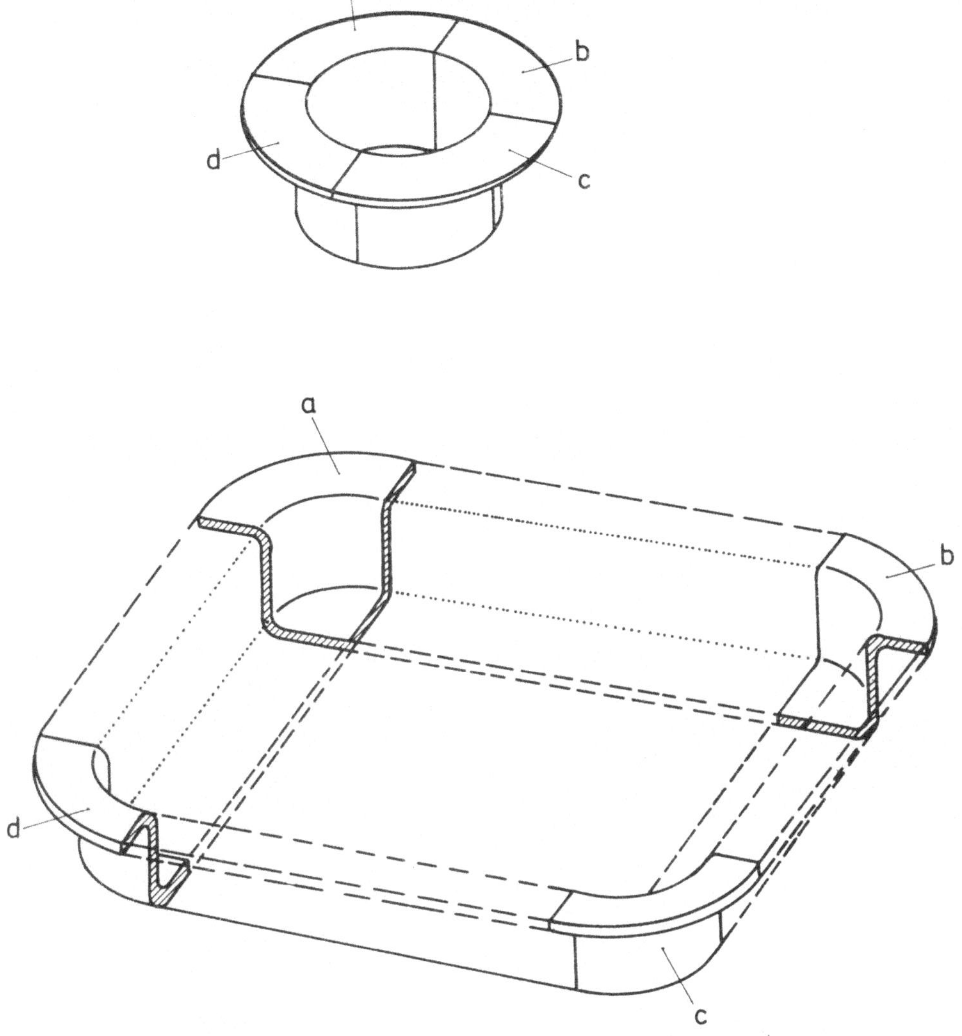

Bild 1: Aus den Eckelementen eines rechteckigen Ziehteils
zusammengesetztes rotationssymmetrisches Ziehteil.

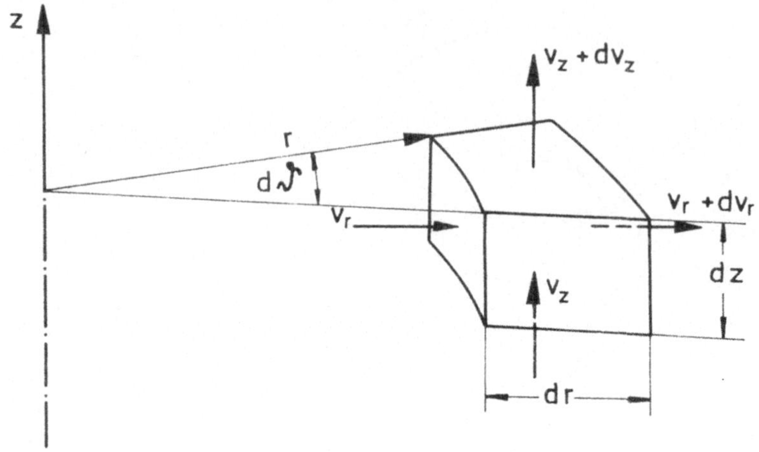

Bild 2: Volumenelement in Zylinderkoordinaten.

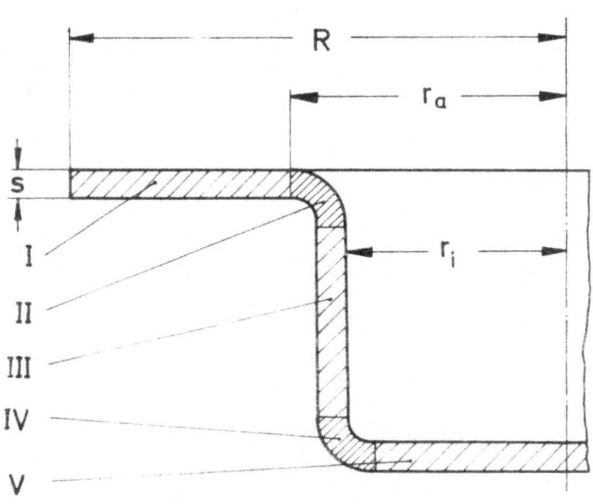

Bild 3: Bereichsaufteilung am rotationssymmetrischen
Ziehteil.

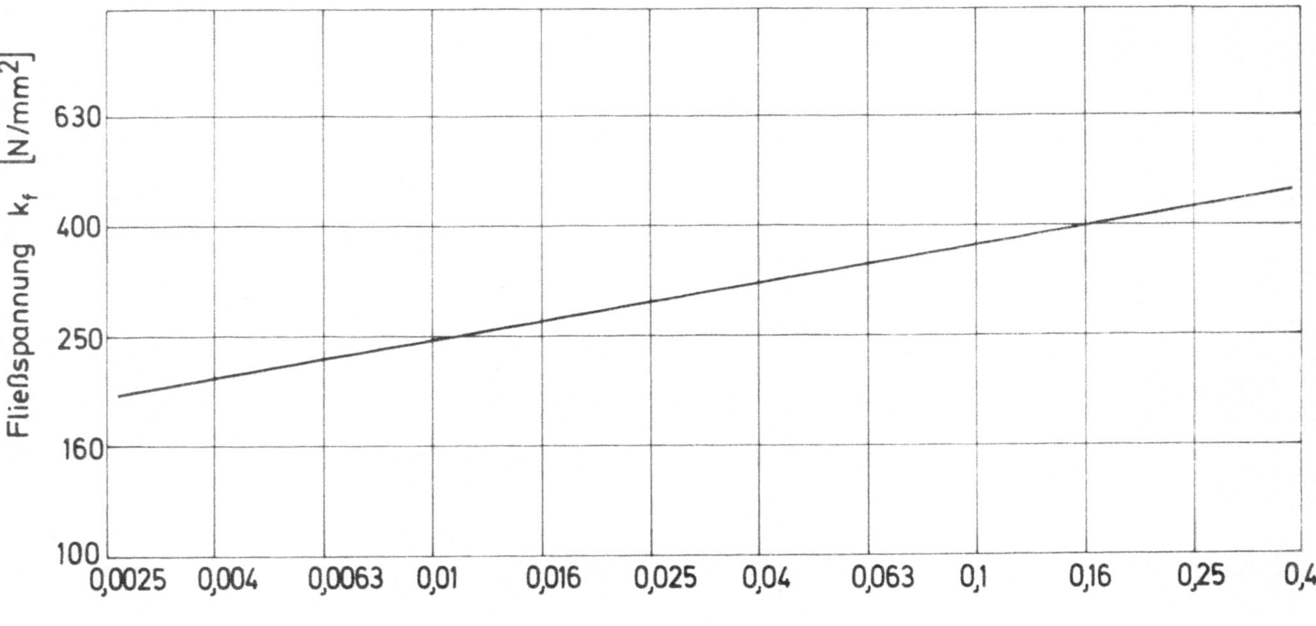

Bild 4: Fließkurve von RRSt 1403.

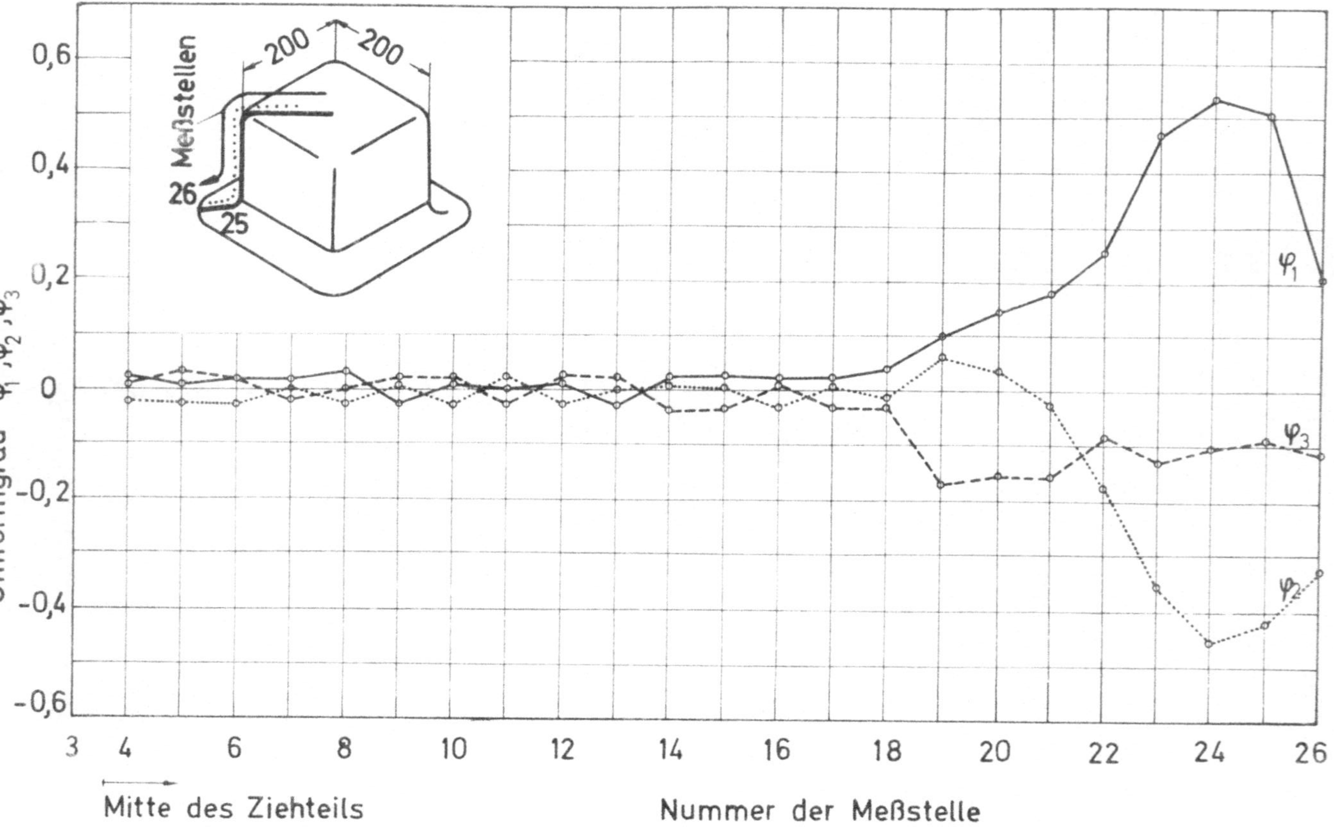

Bild 5: Formänderungen in Abhängigkeit vom Ort der Messung.

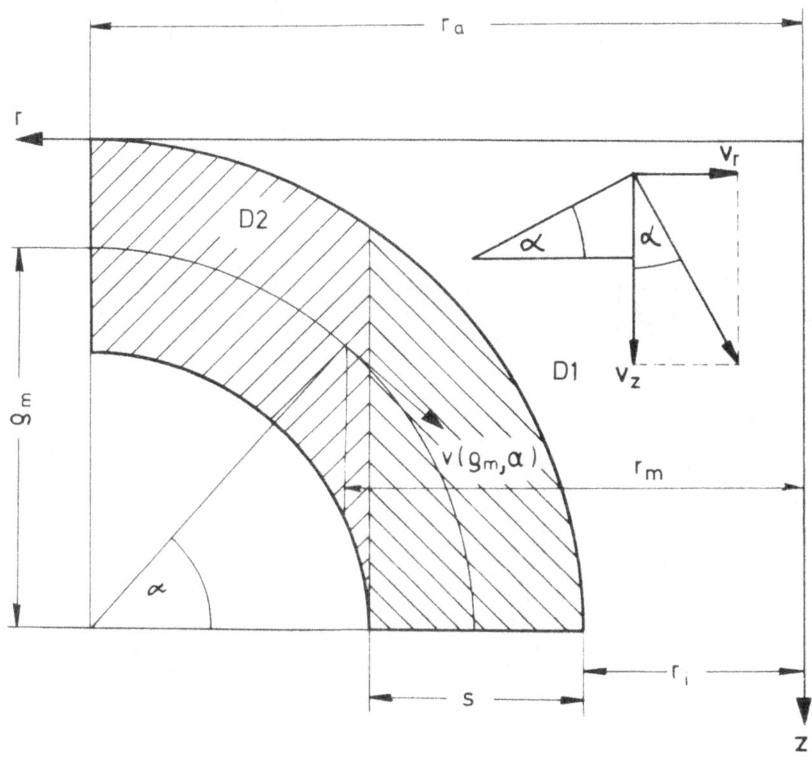

Bild 6: Verhältnisse in der Ziehkantenzone.

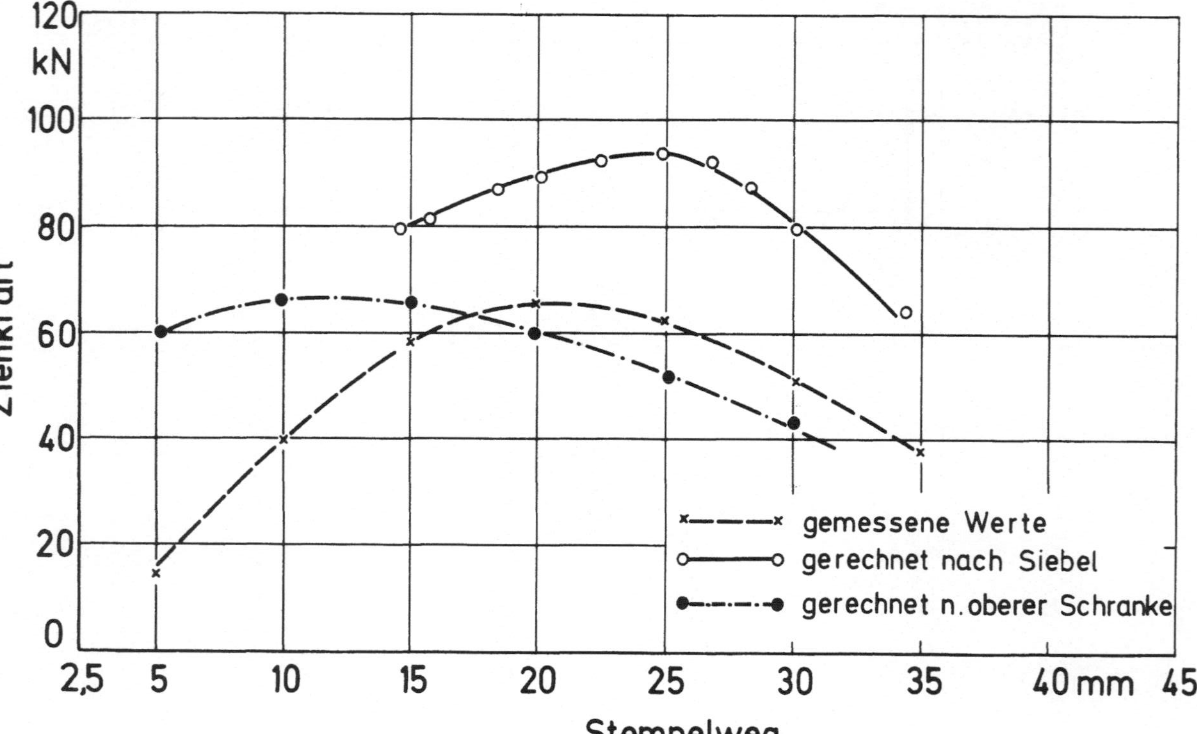

Bild 7: Kraft-Weg-Verlauf beim Tiefziehen. Vergleich von experimentellen und theoretischen Werten.

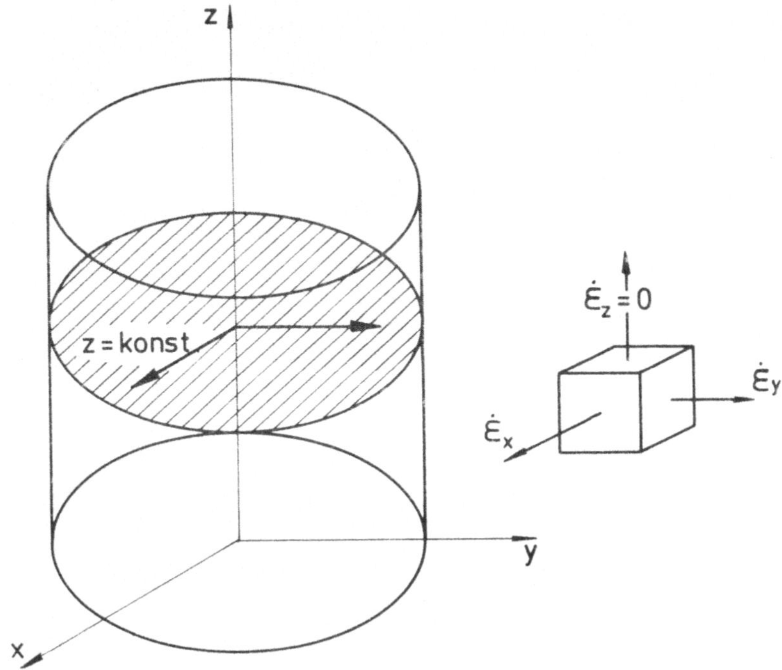

Bild 8: Ebener Formänderungszustand.

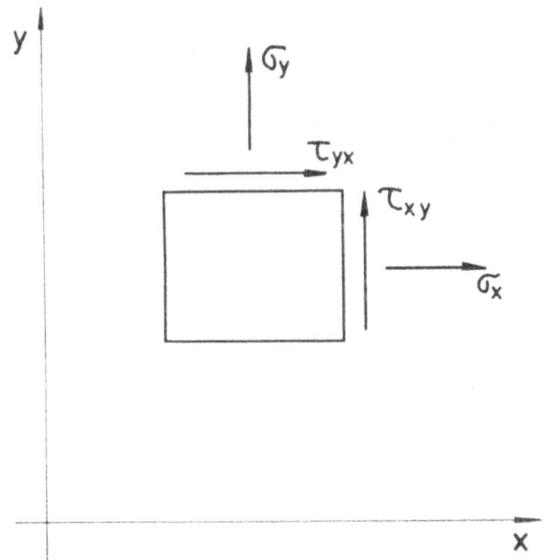

Bild 9: Positive Spannungen an einem Werkstoffelement beim
ebenen Formänderungszustand.

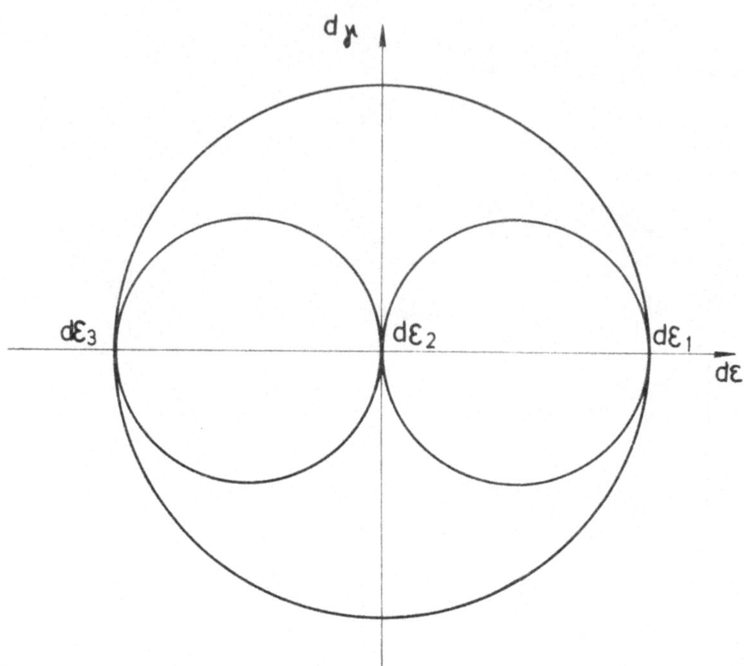

Bild 10: Mohrscher Dehnungskreis für Schubbeanspruchung.

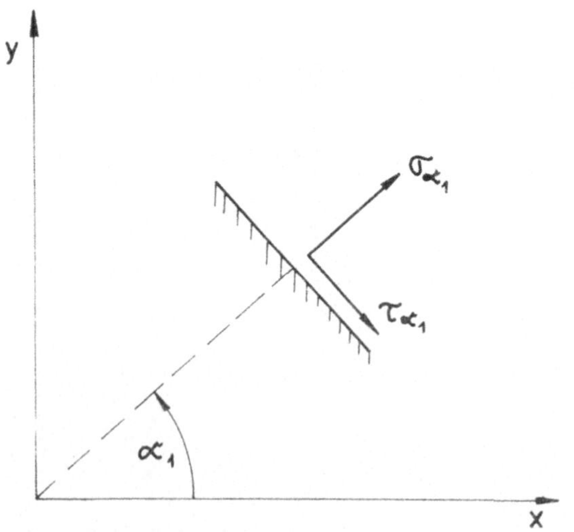

Bild 12: Flächenelement mit Spannungen positiven Vorzeichens.

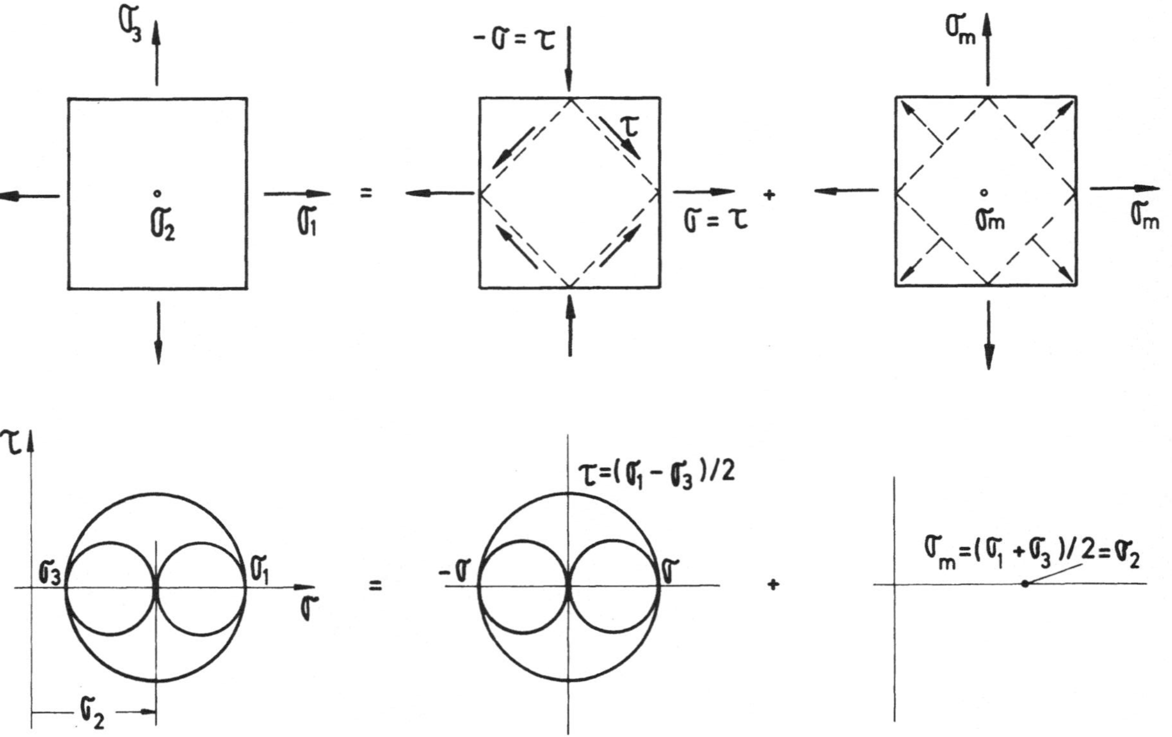

Bild 11: Spannungszustand bei ebener Formänderung, dargestellt durch Überlagerung von reinem Schub und einem hydrostatischen Anteil [25].

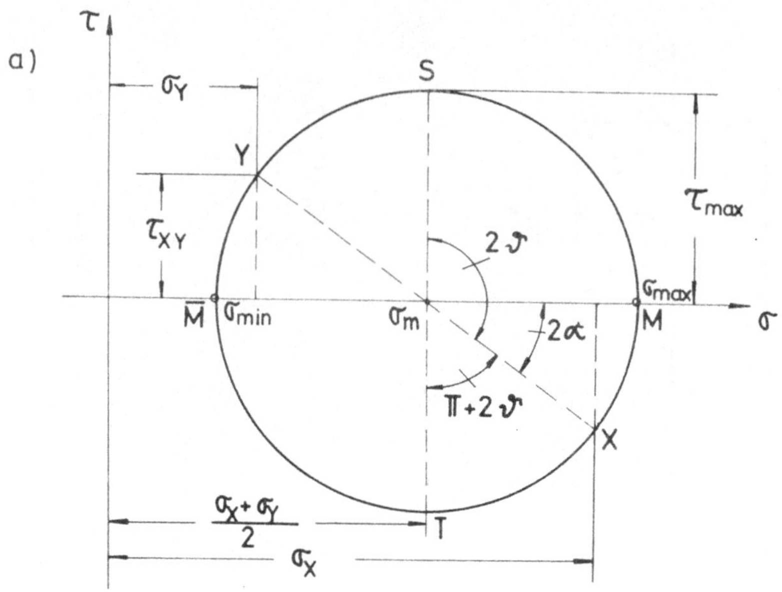

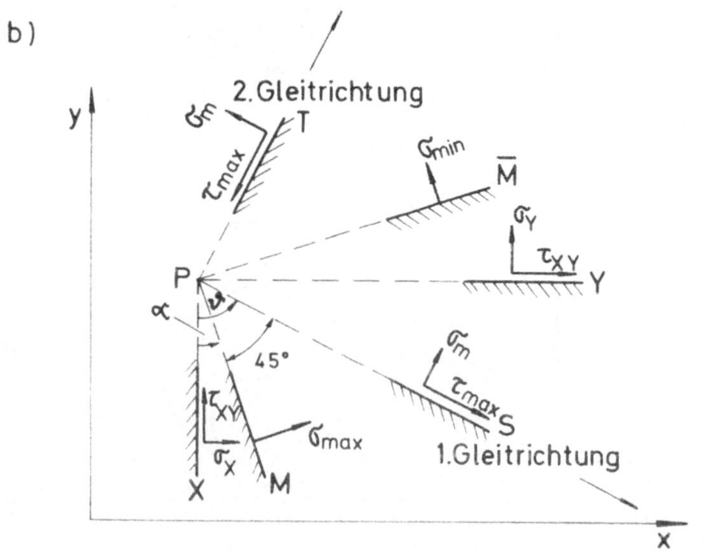

Bild 13: Mohrscher Kreis, a) Spannungsebene, b) physikalische Ebene.

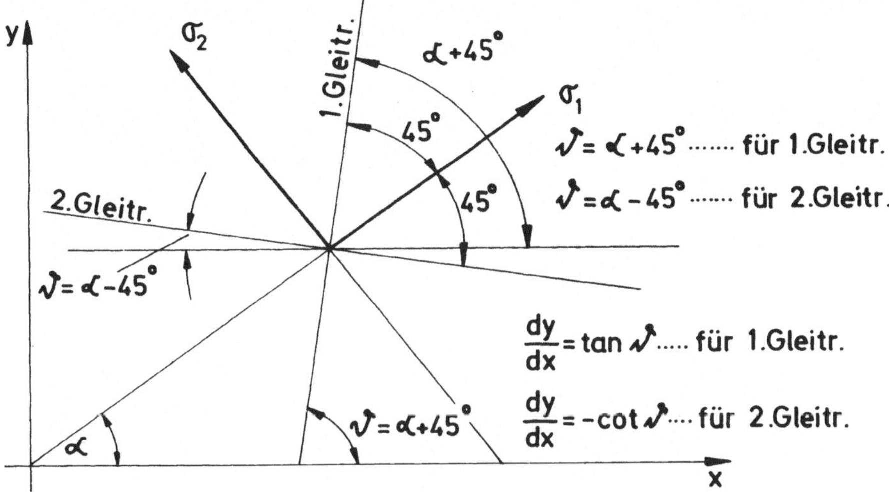

Bild 14: Winkelbeziehungen zwischen Hauptnormalspannung
und Gleitrichtung an einem Werkstoffelement.

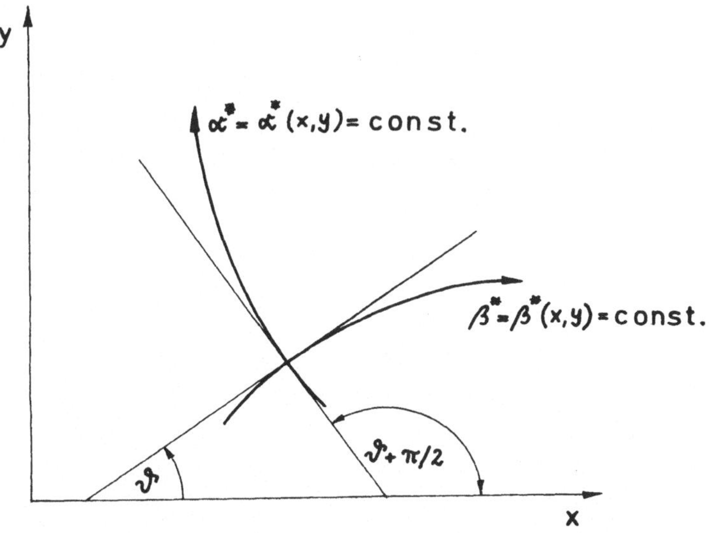

Bild 15: Zusammenhang der Koordinaten α^*, β^* mit x und y.

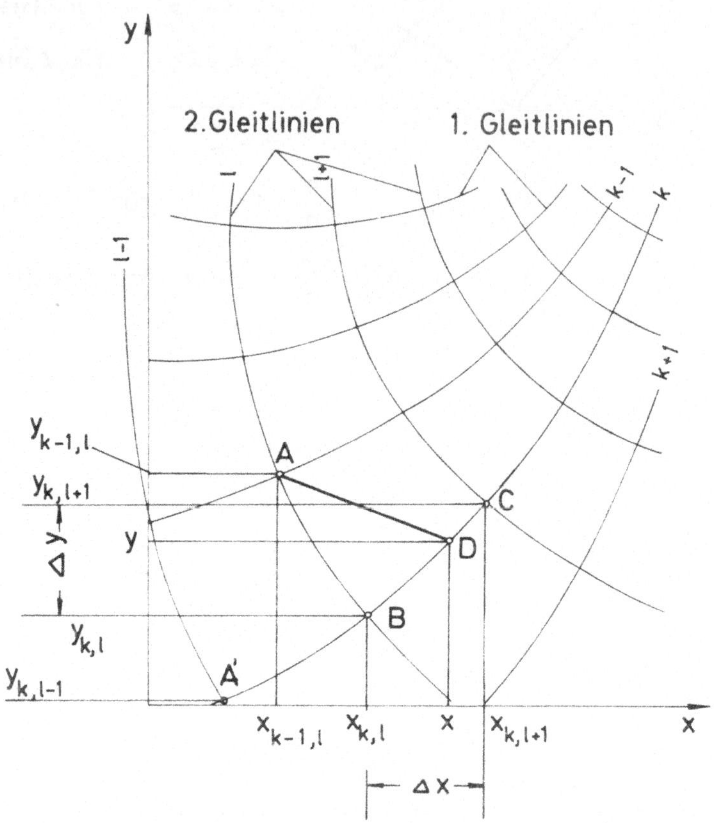

Bild 16: Bestimmung der Außenkontur, wenn ein Punkt auf
ihr bekannt ist.

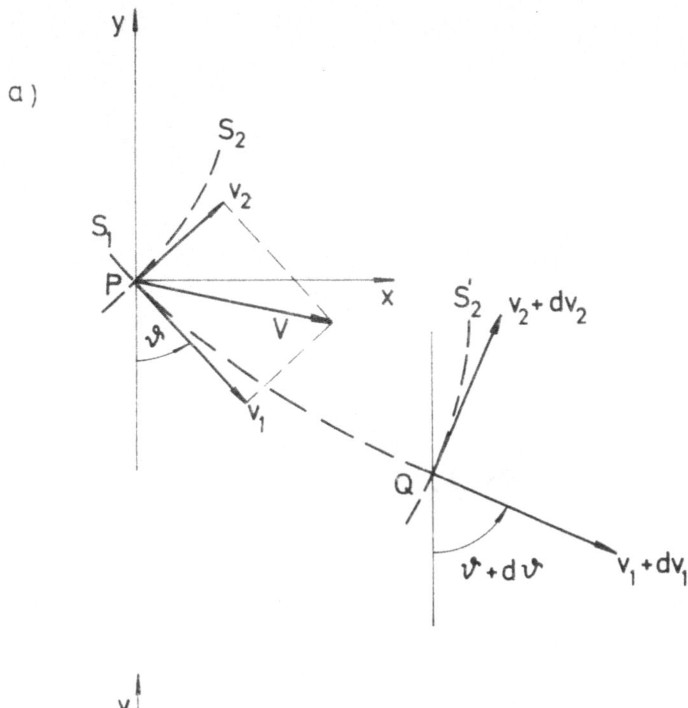

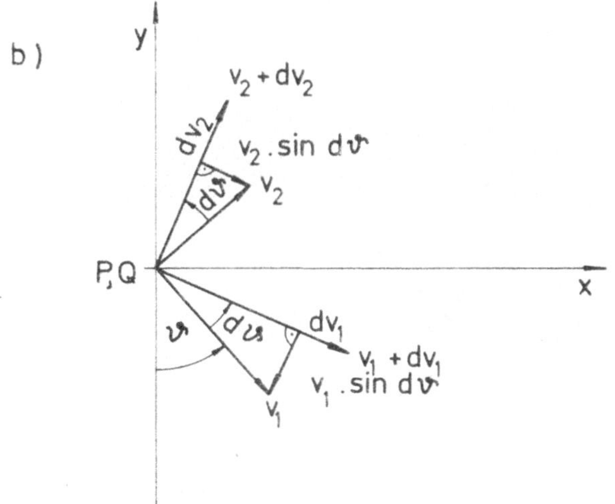

Bild 17: a) Änderung der Geschwindigkeiten entlang einer
Gleitlinie

b) Überlagerung der Geschwindigkeiten in den Punkten P und Q aus Bild 17 a)

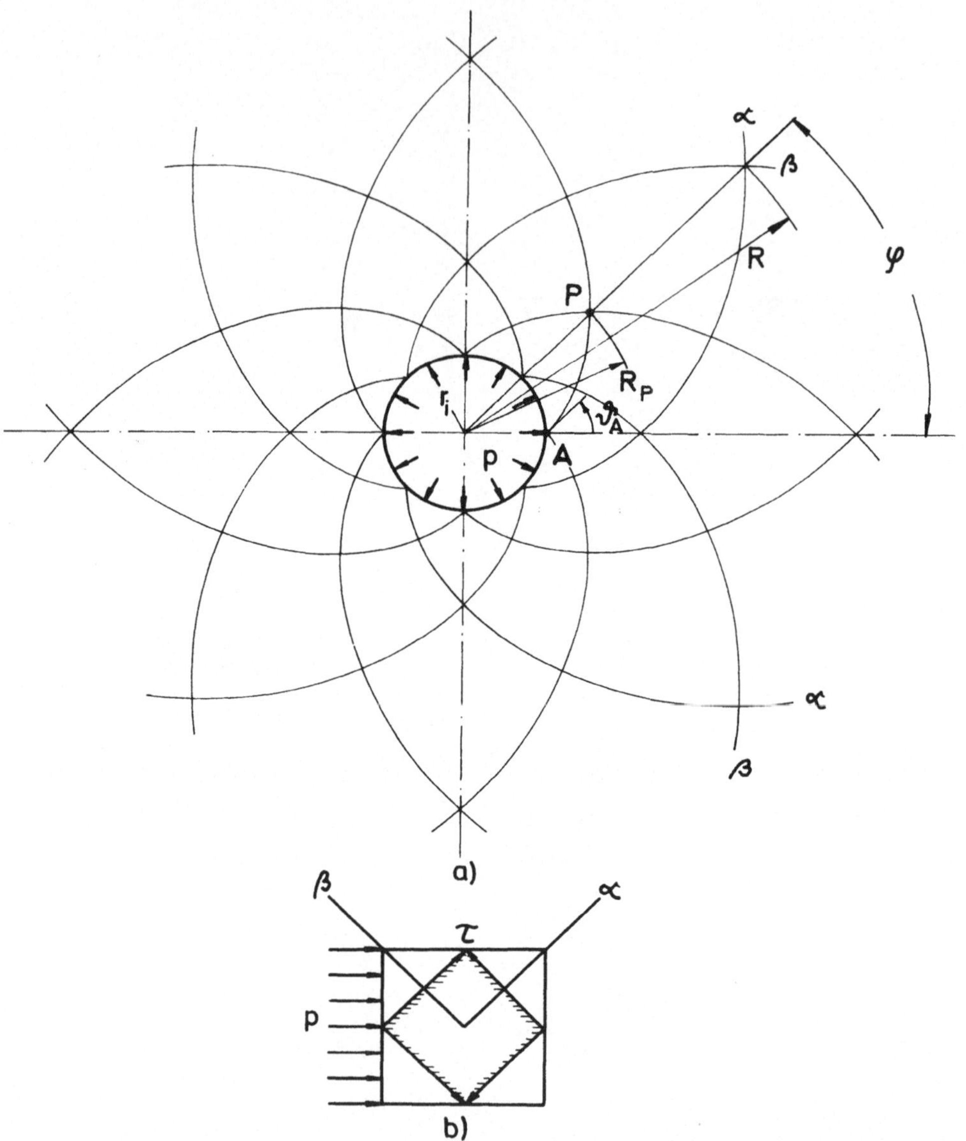

Bild 18: Kreisförmige Innenkontur unter gleichmäßiger Druck-
beanspruchung
a) Gleitliniennetz (α... erste Gleitlinien,
β ... zweite Gleitlinien),
b) Körper-(Werkstoff-)element.

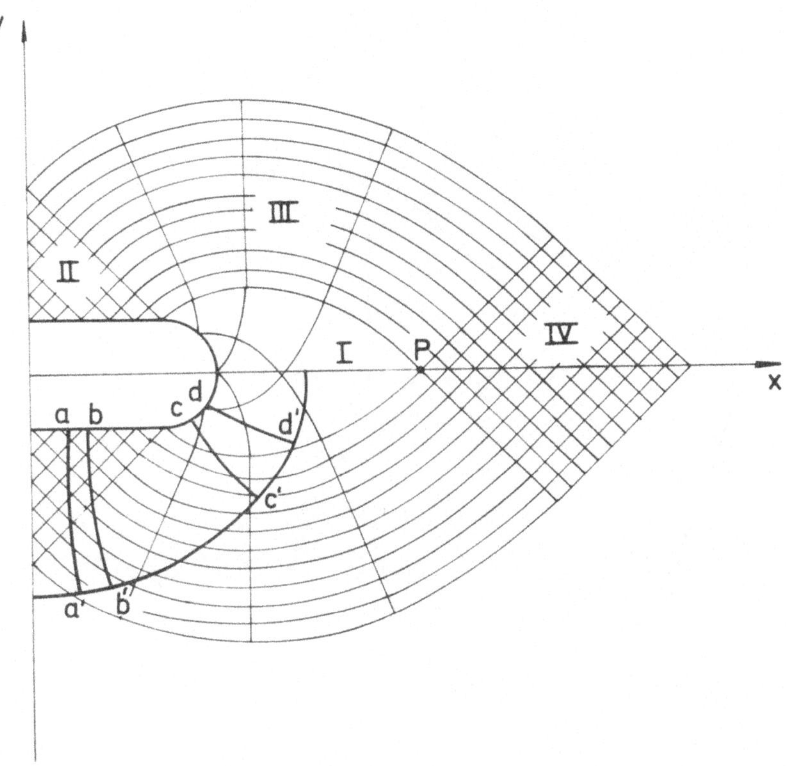

Bild 19: Zulässiges Gleitliniennetz, das ausgehend von der
Innenkontur des Ziehteils konstruiert wurde.

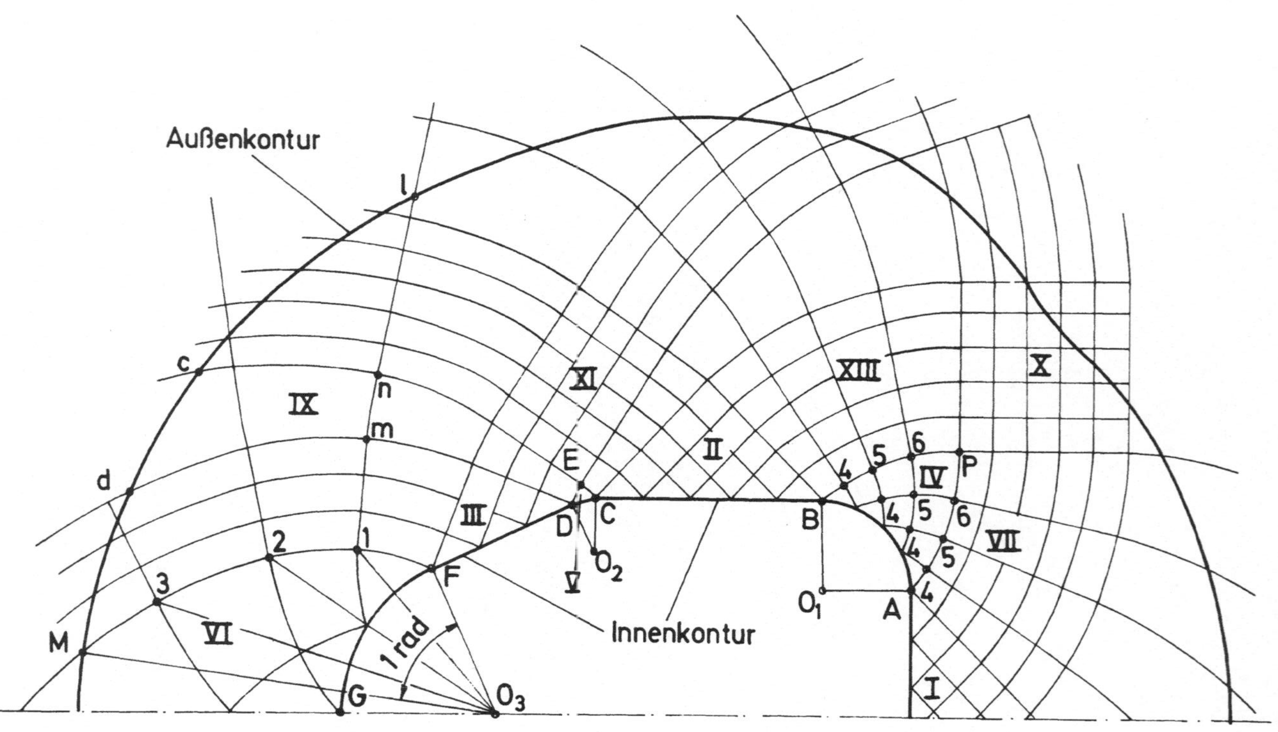

Bild 20: Gleitliniennetz zur Ermittlung der Platinenform eines Ziehteils mit der durch ABCDFG gegebenen Bodenform.

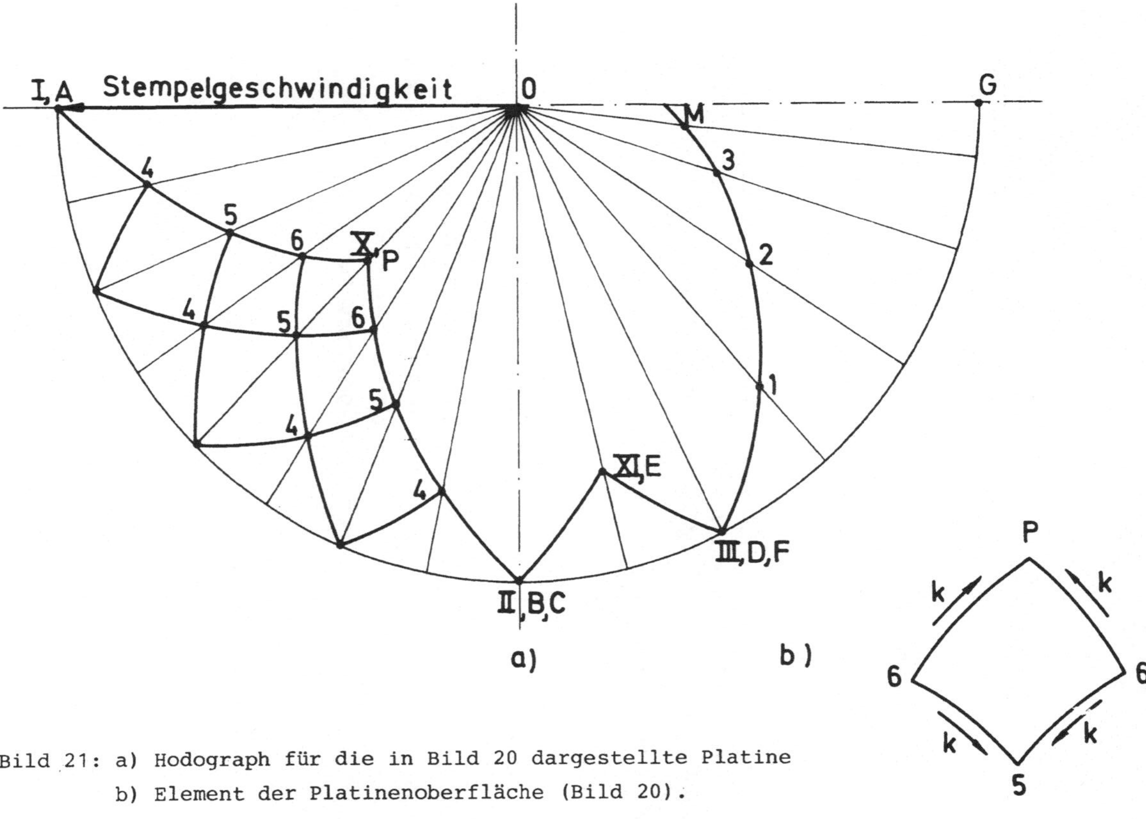

Bild 21: a) Hodograph für die in Bild 20 dargestellte Platine
b) Element der Platinenoberfläche (Bild 20).

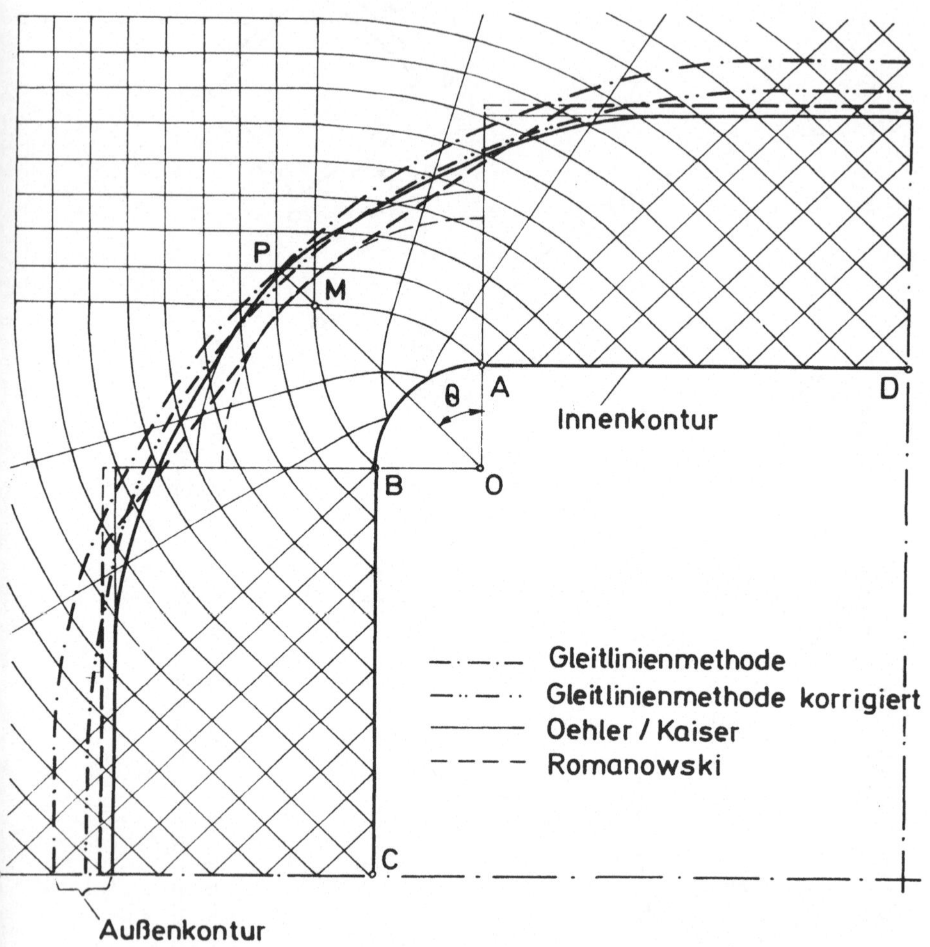

Bild 22: Vergleich der Platinenformen für das quadratische
Ziehteil, die sich nach den drei Verfahren ergaben.

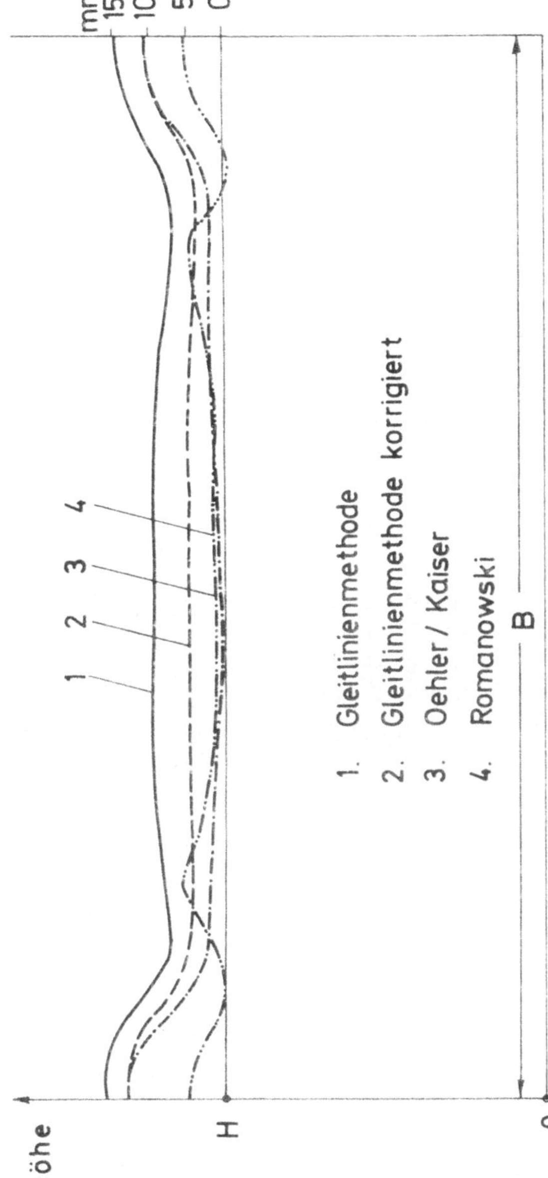

Bild 23: Ziehteilhöhe, die sich mit den nach Methode 1 bis 4 bestimmten Zuschnitten einstellte (Seitenwände des Teils sind senkrecht und parallel zur Walzrichtung).

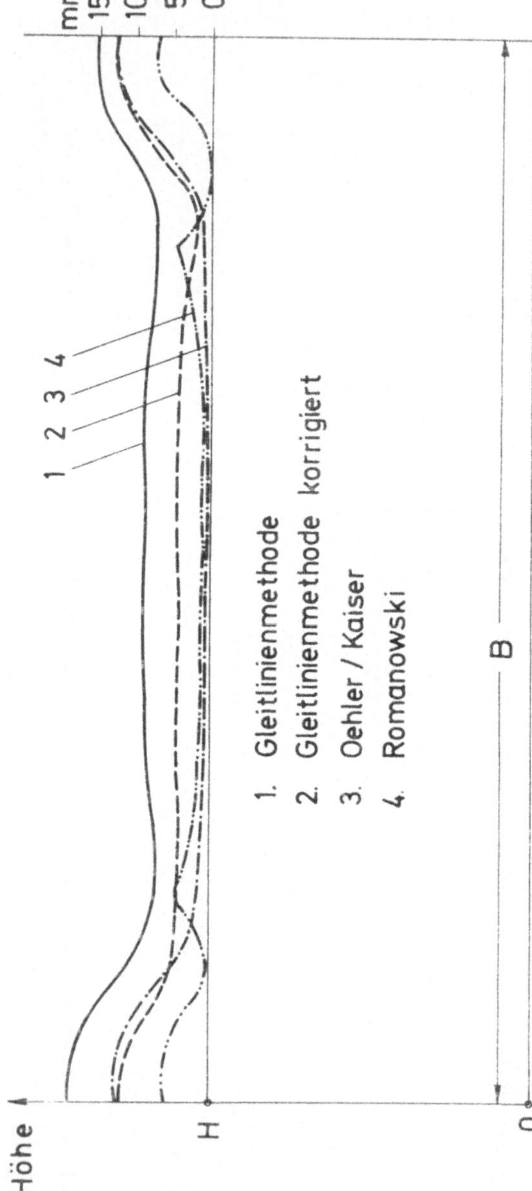

Bild 24: Ziehteilhöhe, die sich mit den nach Methode 1 bis 4 ermittelten Zuschnitten einstellte (Seitenwände des Teils liegen unter 45° zur Walzrichtung).

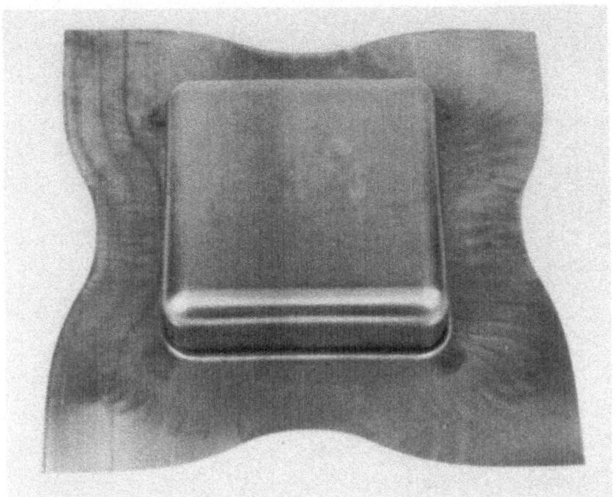

Bild 25: Quadratisches Ziehteil, ohne Ziehstäbe gezogen.

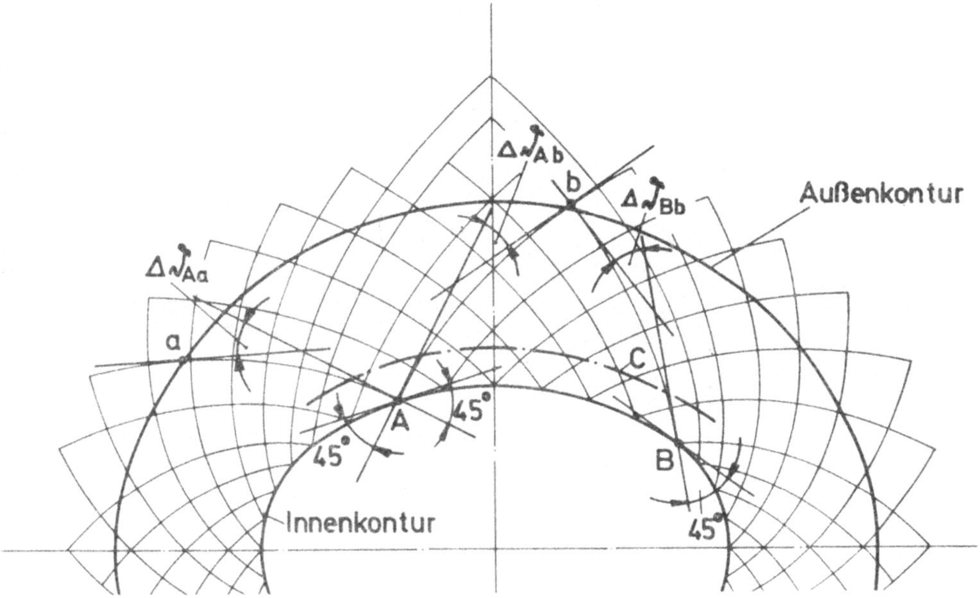

Bild 26: Gleitlinien auf dem Flansch eines Ziehteils
(C.... Lage der Ziehstäbe).

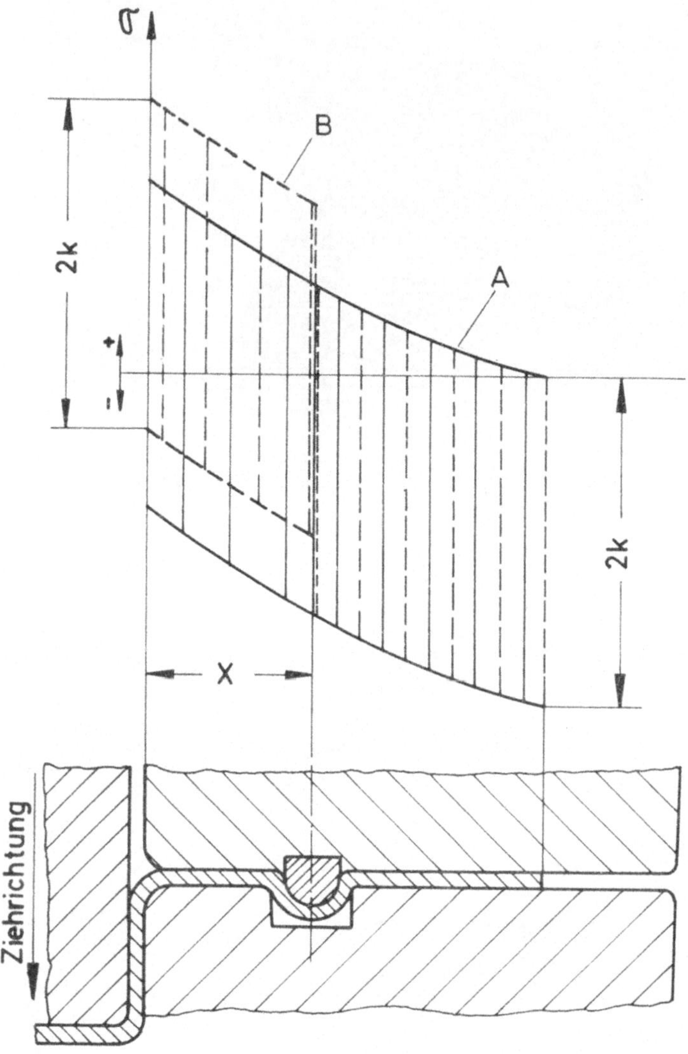

Bild 27:Einfluß von Ziehstäben auf den Spannungsverlauf im
Flansch eines Ziehteils (A ohne Ziehstäbe,B mit Ziehstäben.

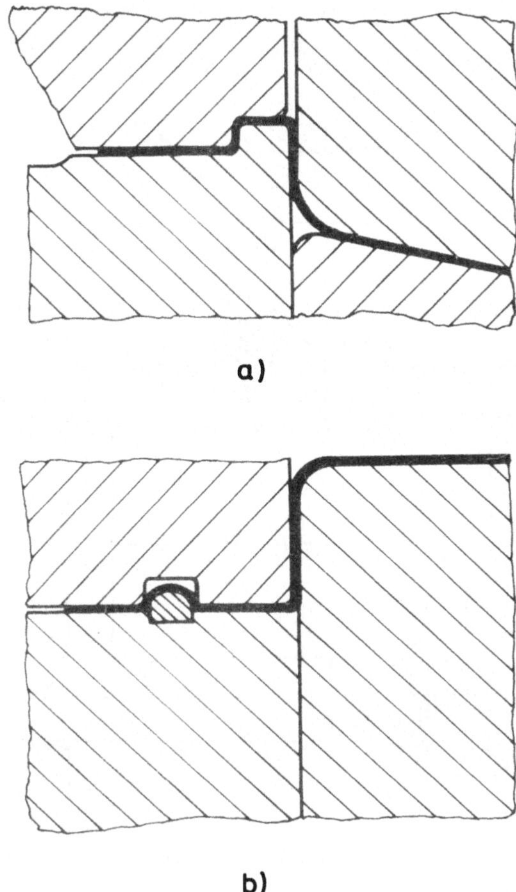

a)

b)

Bild 28: Anordnung der Ziehwulste (a) und Ziehstäbe (b).

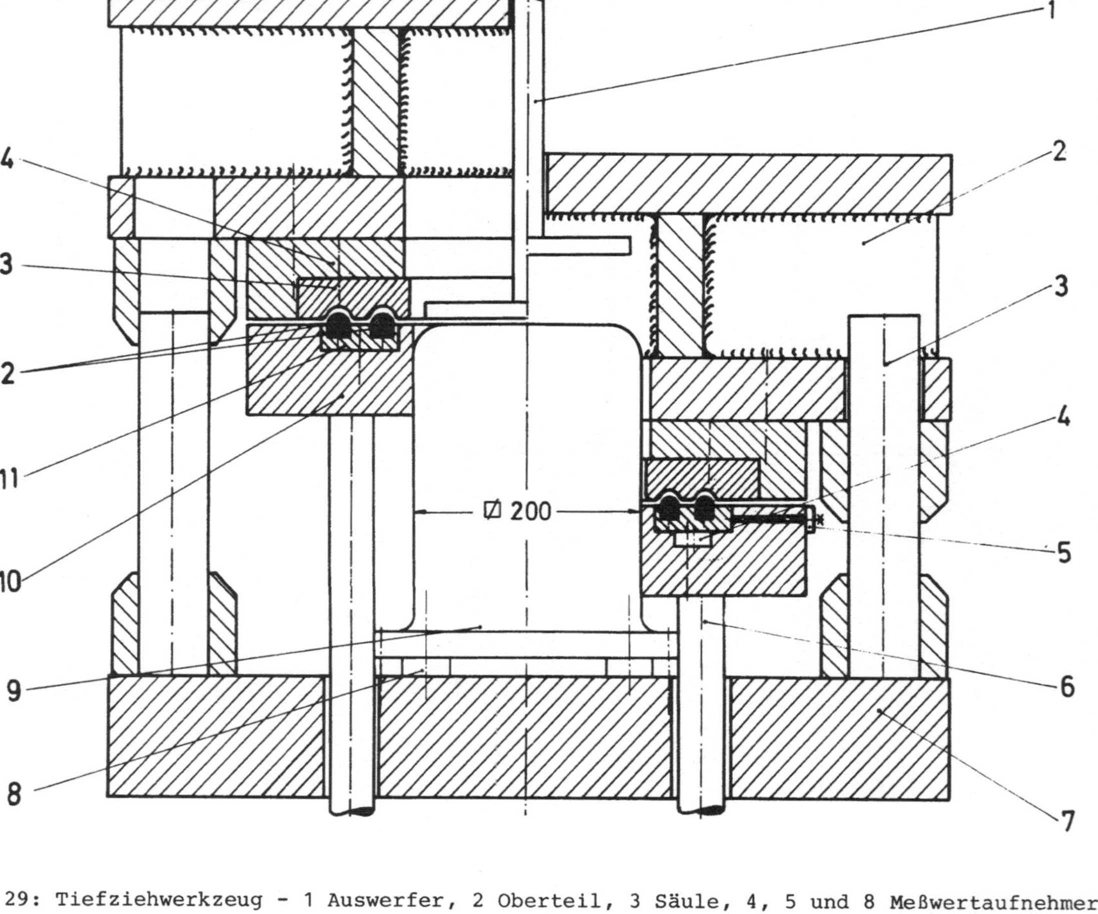

Bild 29: Tiefziehwerkzeug - 1 Auswerfer, 2 Oberteil, 3 Säule, 4, 5 und 8 Meßwertaufnehmer, 6 Niederhalterstempel, 7 Grundplatte, 9 Stempel, 10 Niederhalter, 11 Ziehstabaufnahme, 12 Ziehstäbe, 13 Matrize, 14 Matrizenaufnahme.

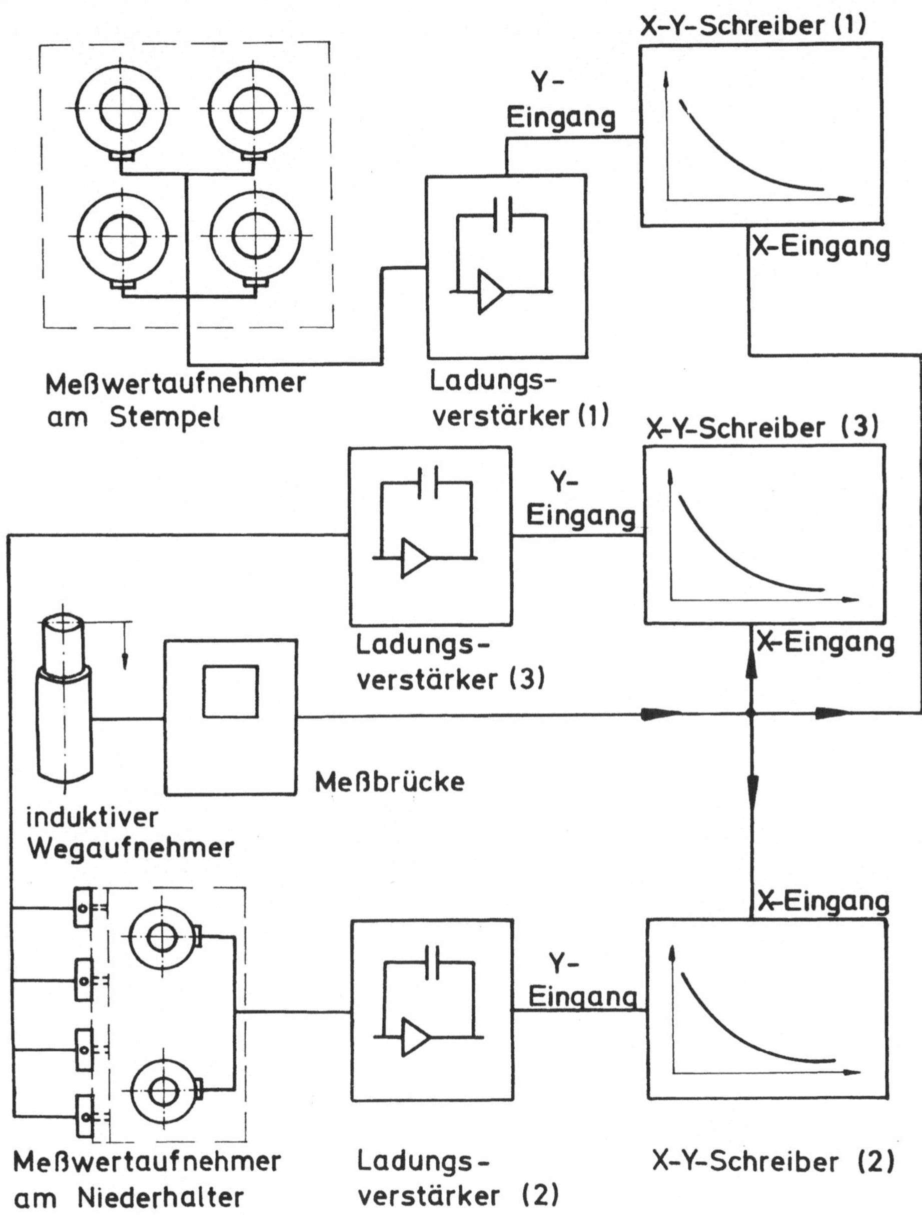

Bild 30: Aufbau der Meßeinrichtung.

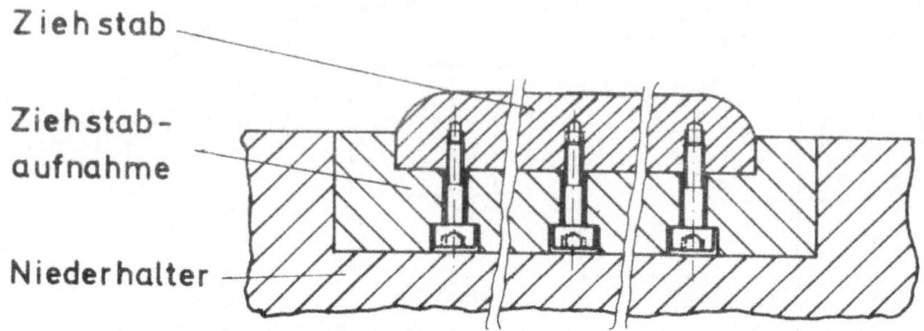

Bild 31: Befestigung des Ziehstabes in der Ziehstabaufnahme.

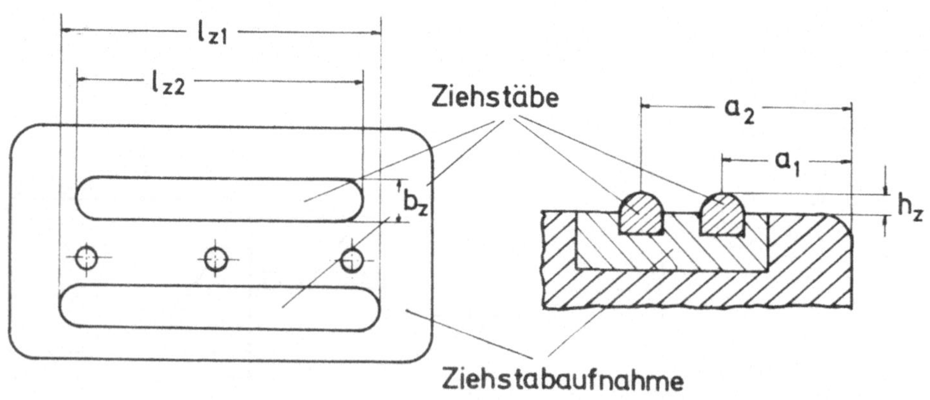

Bild 32: Höhe h_z, Breite b_z und Längen l_{z1} und l_{z2} der Ziehstäbe sowie deren Abstände a_1 und a_2 zur Ziehkante.

Typ I

Typ II

Typ III

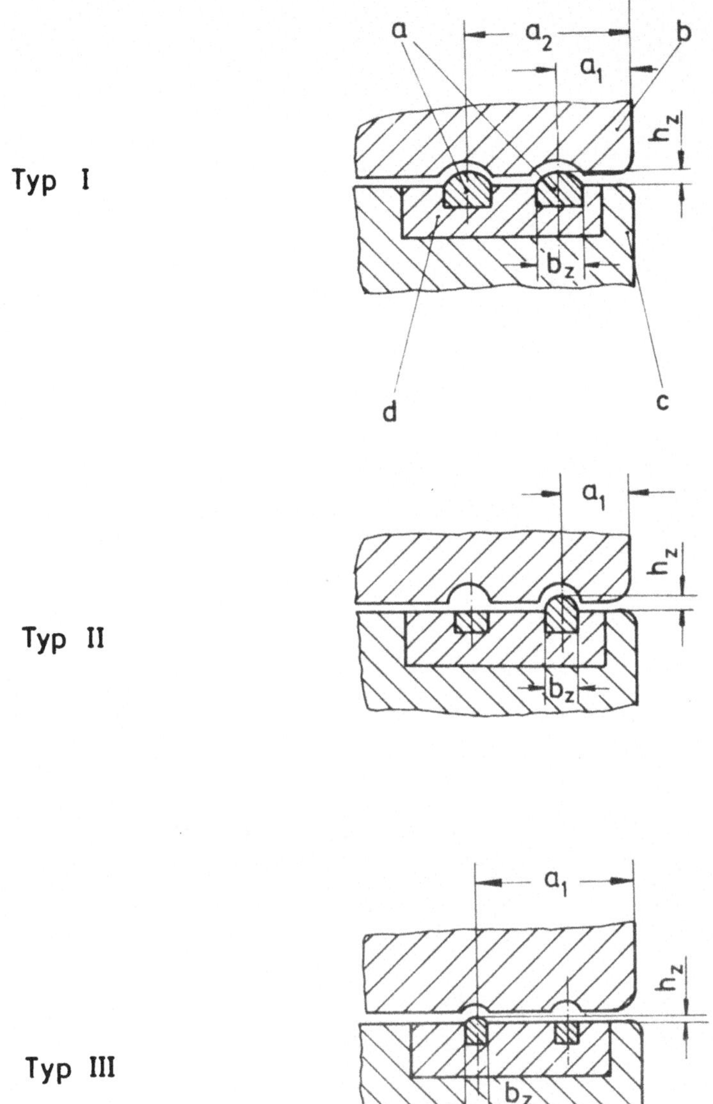

Bild 33: Die drei möglichen Ziehstabaufnahmebesetzungen der
Typen I, II und III - a Ziehstäbe, b Matrize,
c Niederhalter, d Ziehstabaufnahme.

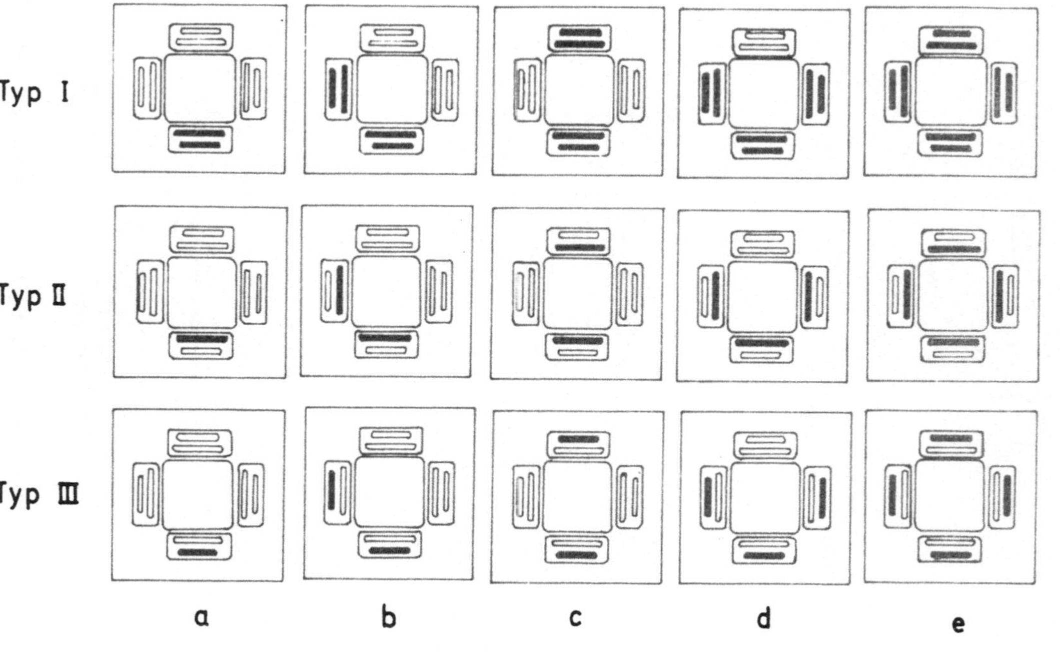

Bild 34: Die 15 möglichen Ziehstabanordnungen a, b, c, d und e der drei Typen I, II
und III im Niederhalter des Tiefziehwerkzeugs.

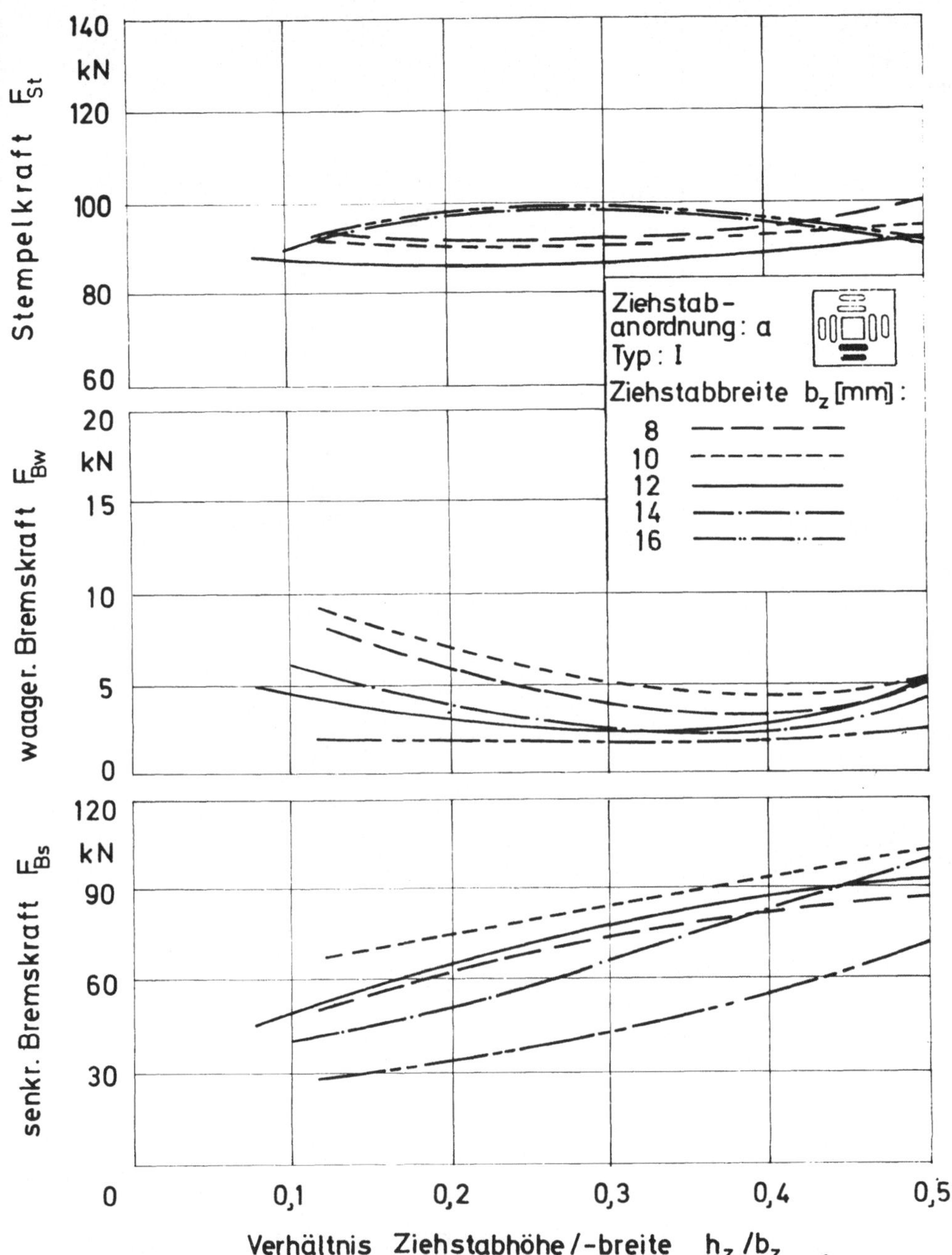

Bild 35: Verläufe der Stempelkraft F_{St}, der waagerechten Bremskraft F_{Bw} und der senkrechten Bremskraft F_{Bs} über dem Verhältnis Ziehstabhöhe/-breite h_z/b_z für die fünf Ziehstabbreiten b_z bei der Anordnung a und Typ I.

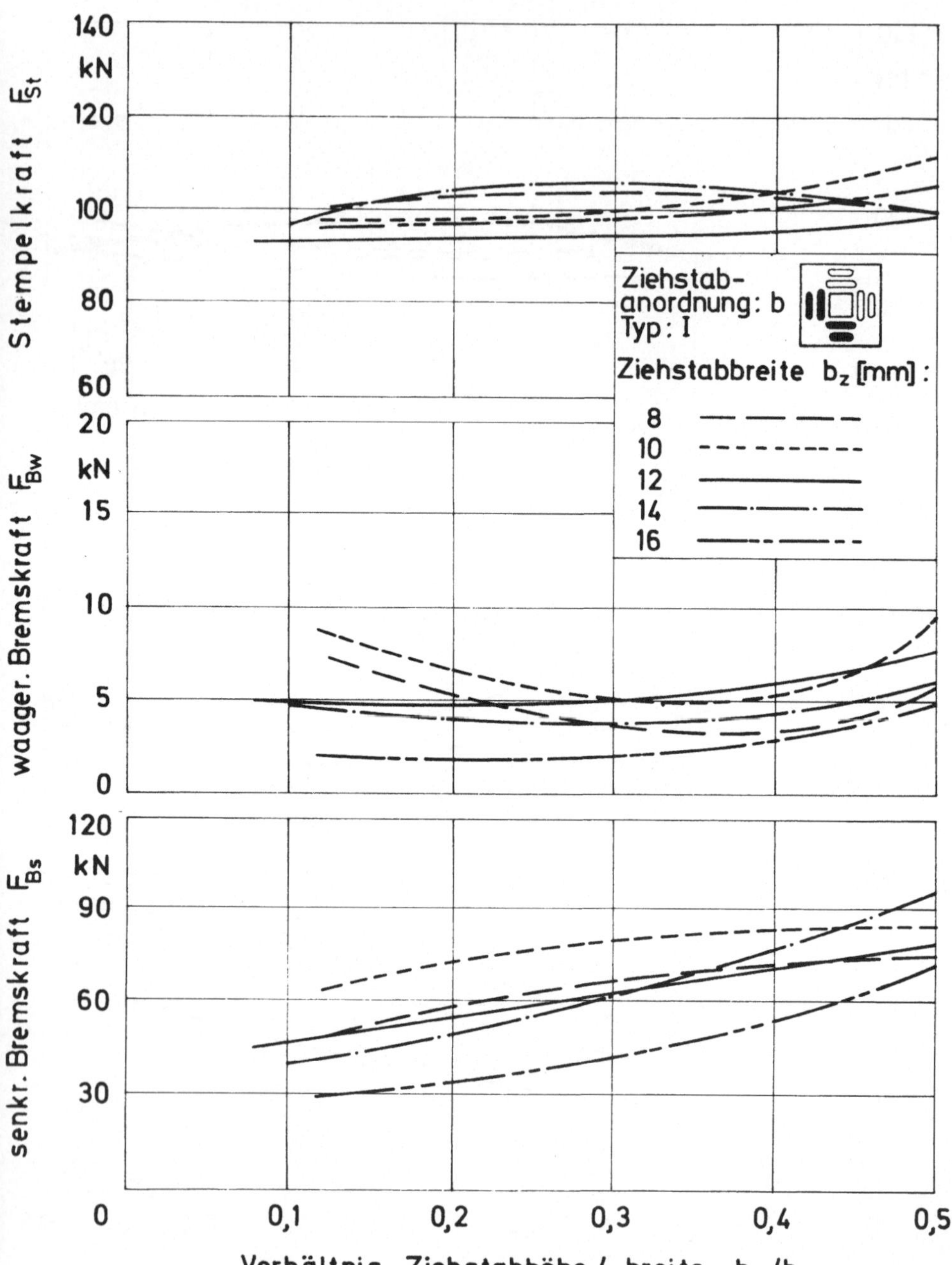

Bild 36: Verläufe der Stempelkraft F_{St}, der waagerechten Bremskraft F_{Bw} und der senkrechten Bremskraft F_{Bs} über dem Verhältnis Ziehstabhöhe/-breite h_z/b_z für die fünf Ziehstabbreiten b_z bei der Anordnung b und Typ I.

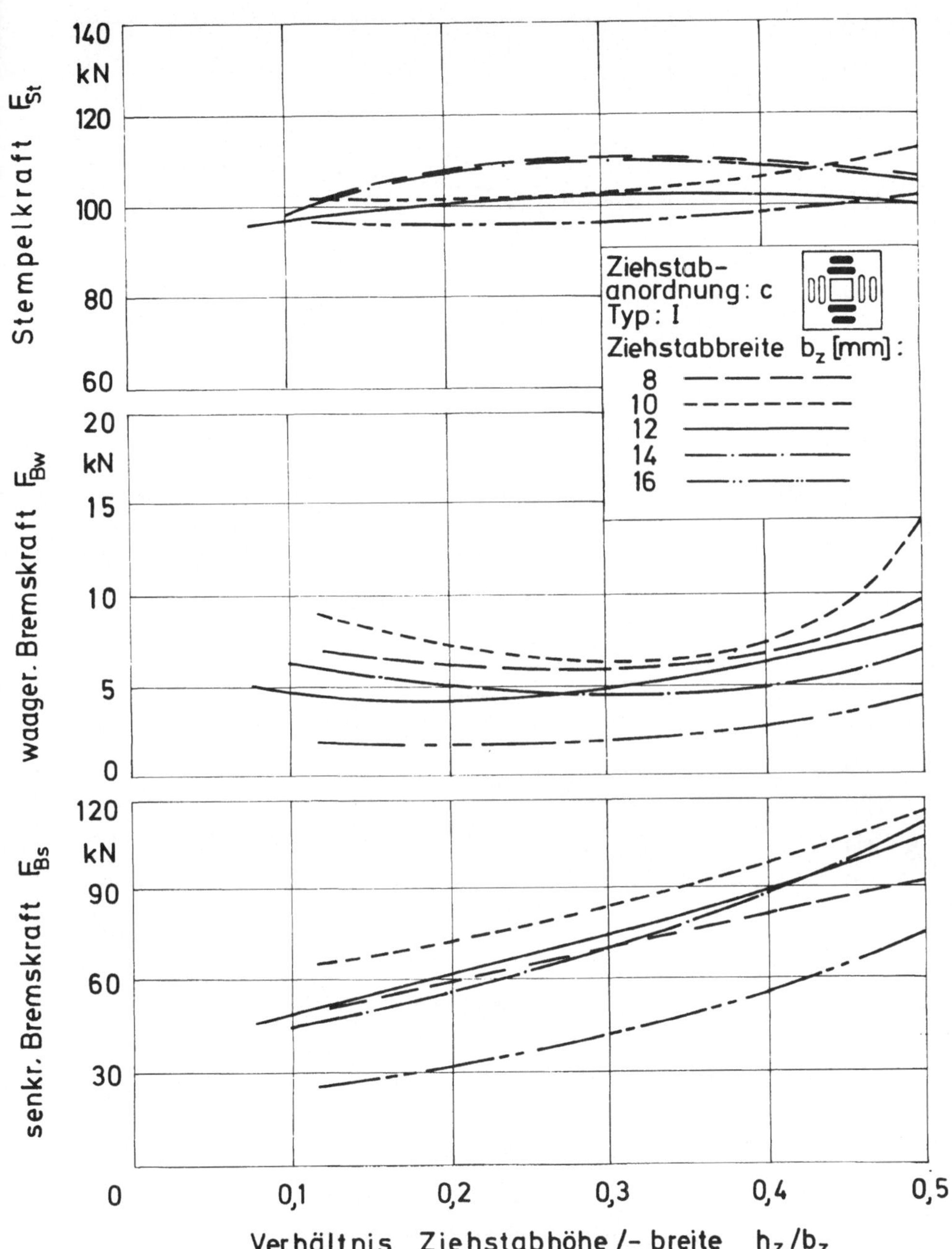

Bild 37: Verläufe der Stempelkraft F_{St}, der waagerechten Bremskraft F_{Bw} und der senkrechten Bremskraft F_{Bs} über dem Verhältnis Ziehstabhöhe/-breite h_z/b_z für die fünf Ziehstabbreiten b_z bei der Anordnung c und Typ I.

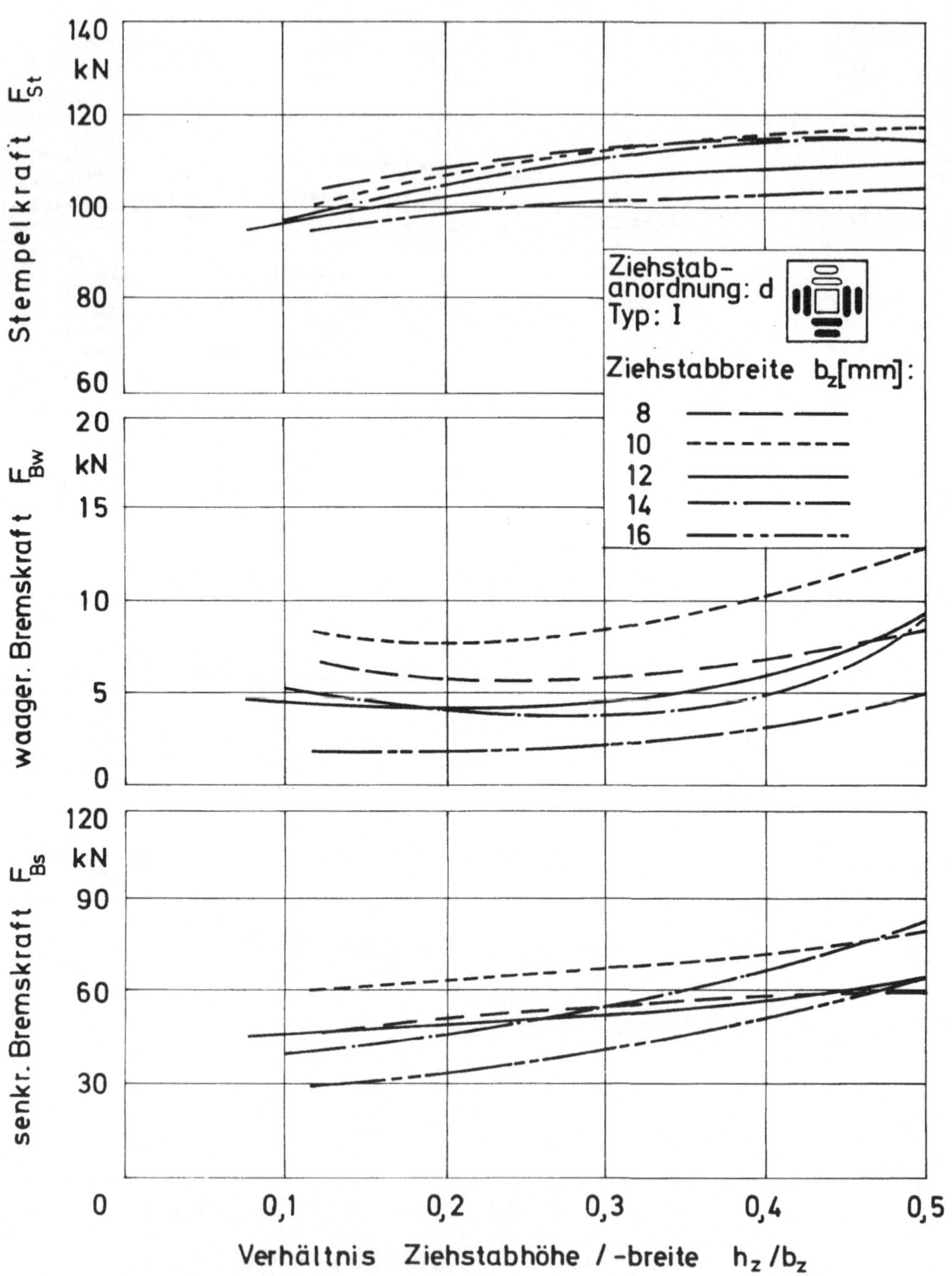

Bild 38: Verläufe der Stempelkraft F_{St}, der waagerechten Bremskraft F_{Bw} und der senkrechten Bremskraft F_{Bs} über dem Verhältnis Ziehstabhöhe/-breite h_z/b_z für die fünf Ziehstabbreiten b_z bei der Anordnung d und Typ I.

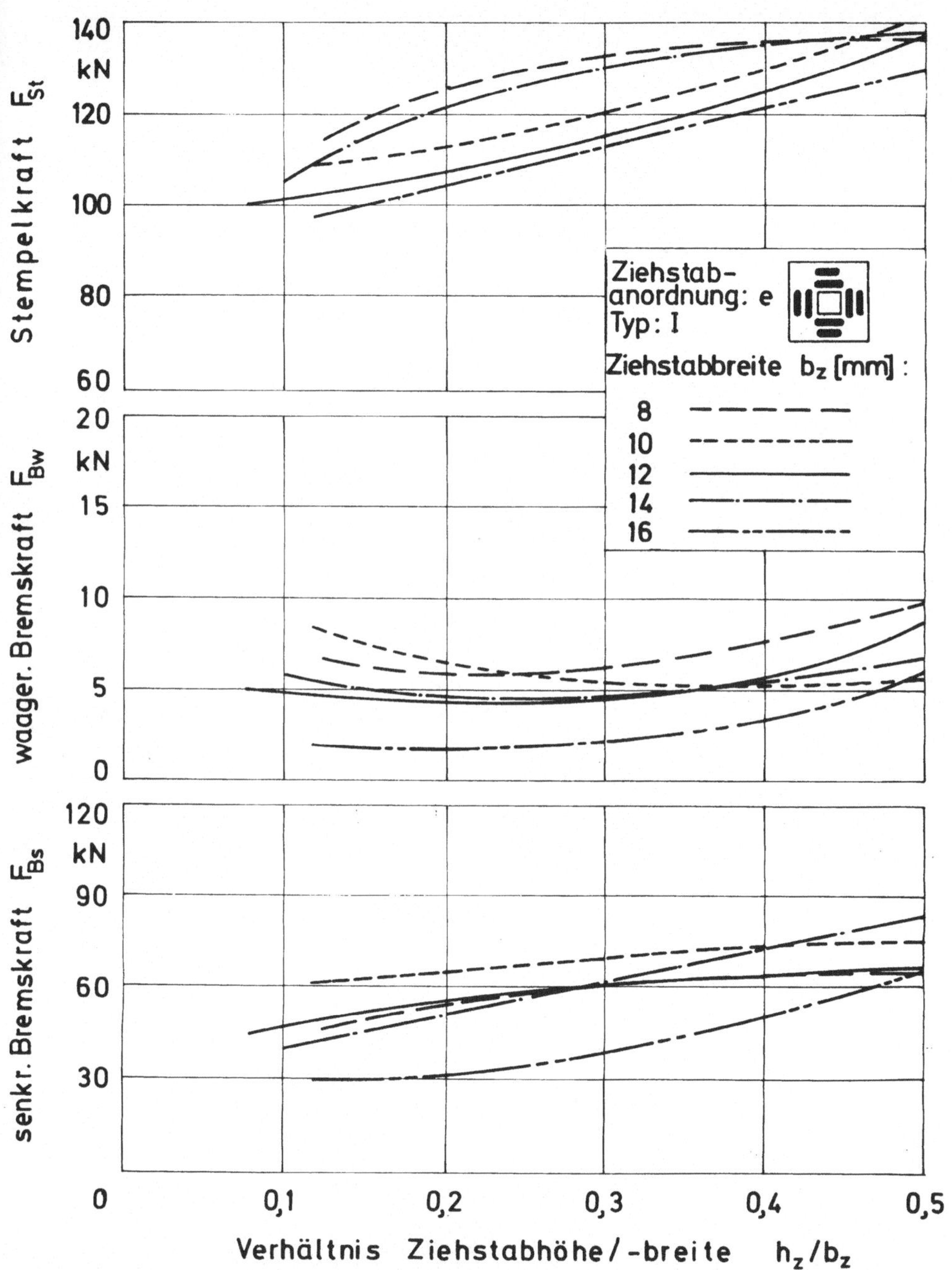

Bild 39: Verläufe der Stempelkraft F_{St}, der waagerechten Bremskraft F_{Bw} und der senkrechten Bremskraft F_{Bs} über dem Verhältnis Ziehstabhöhe/-breite h_z/b_z für die fünf Ziehstabbreiten b_z bei der Anordnung e und Typ I.

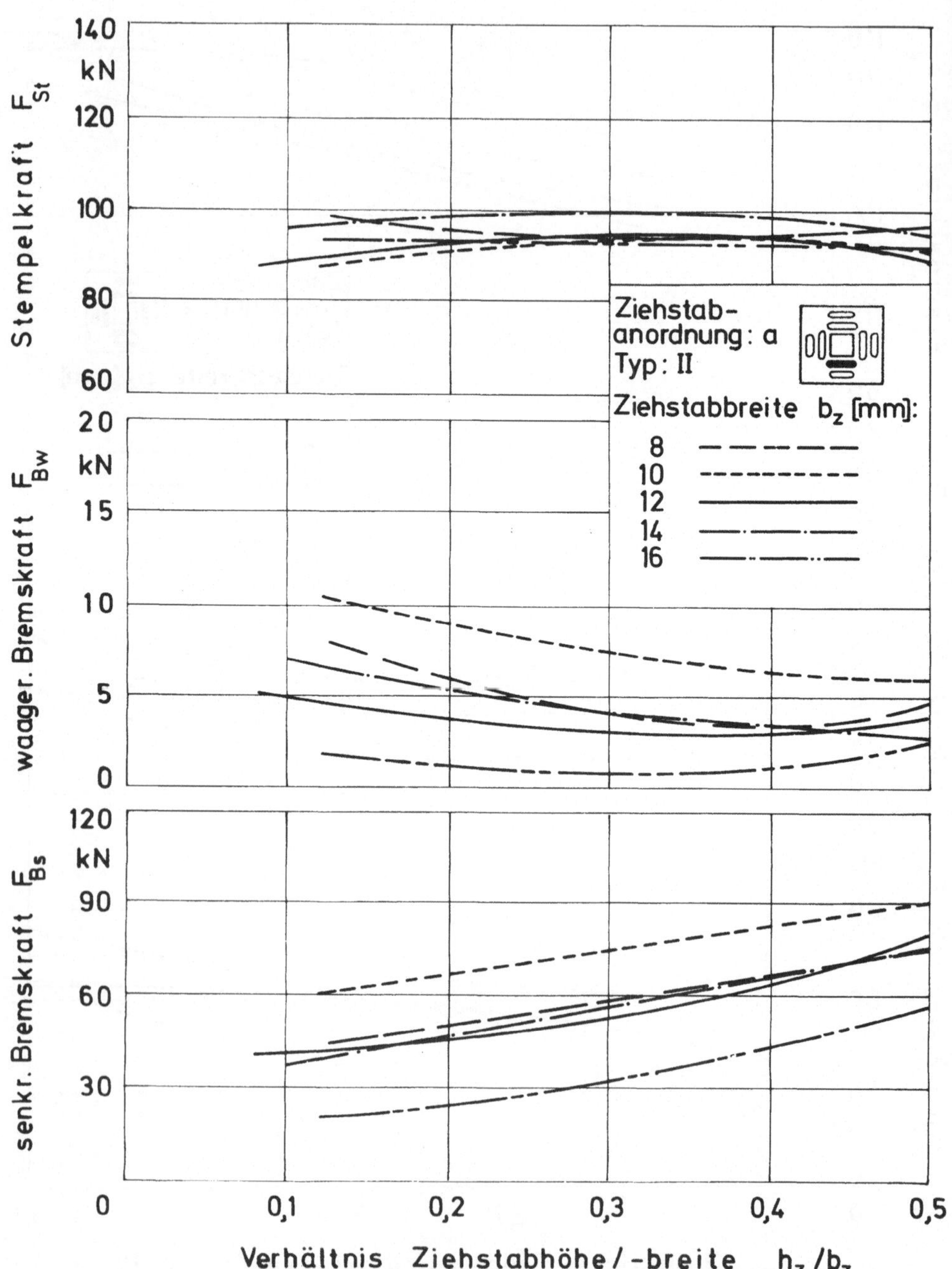

Bild 40: Verläufe der Stempelkraft F_{St}, der waagerechten Bremskraft F_{Bw} und der senkrechten Bremskraft F_{Bs} über dem Verhältnis Ziehstabhöhe/-breite h_z/b_z für die fünf Ziehstabbreiten b_z bei der

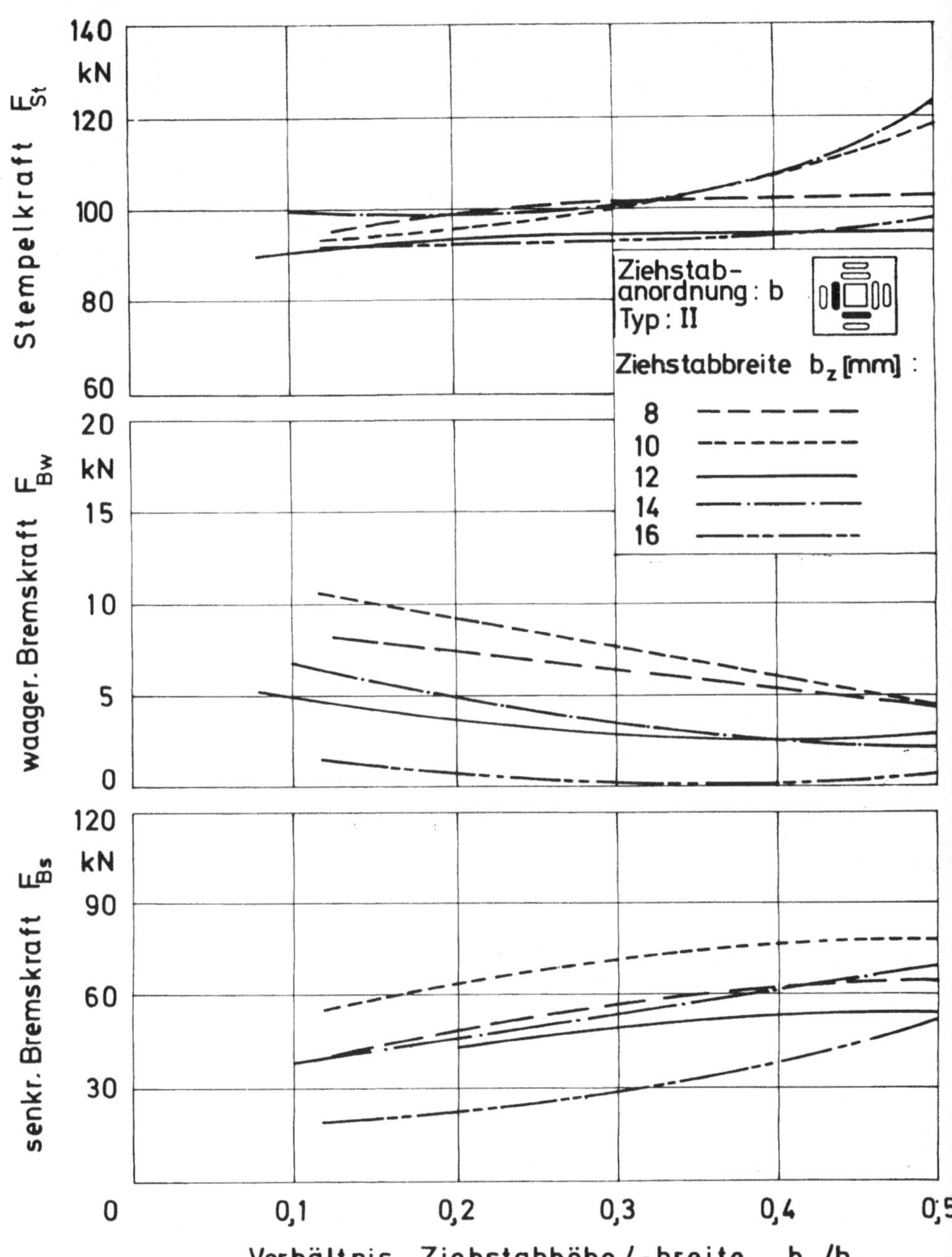

Bild 41: Verläufe der Stempelkraft F_{St}, der waagerechten Bremskraft F_{Bw} und der senkrechten Bremskraft F_{Bs} über dem Verhältnis Ziehstabhöhe/-breite h_z / b_z für die fünf Ziehstabbreiten b_z bei der Anordnung b und Typ II.

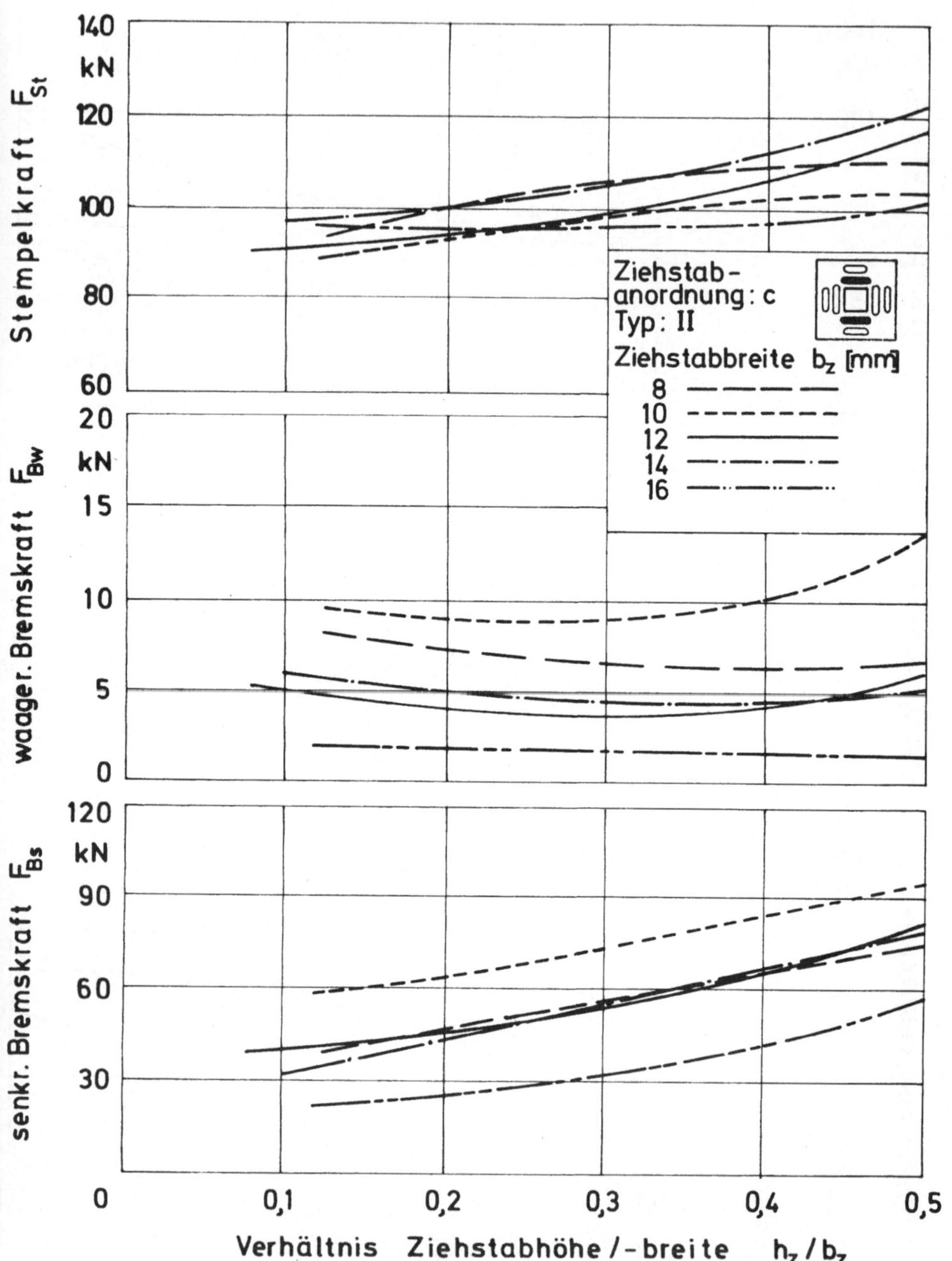

Bild 42: Verläufe der Stempelkraft F_{St}, der waagerechten Bremskraft F_{Bw} und der senkrechten Bremskraft F_{Bs} über dem Verhältnis Ziehstabhöhe/-breite h_z/b_z für die fünf Ziehstabbreiten b_z bei der Anordnung c und Typ II.

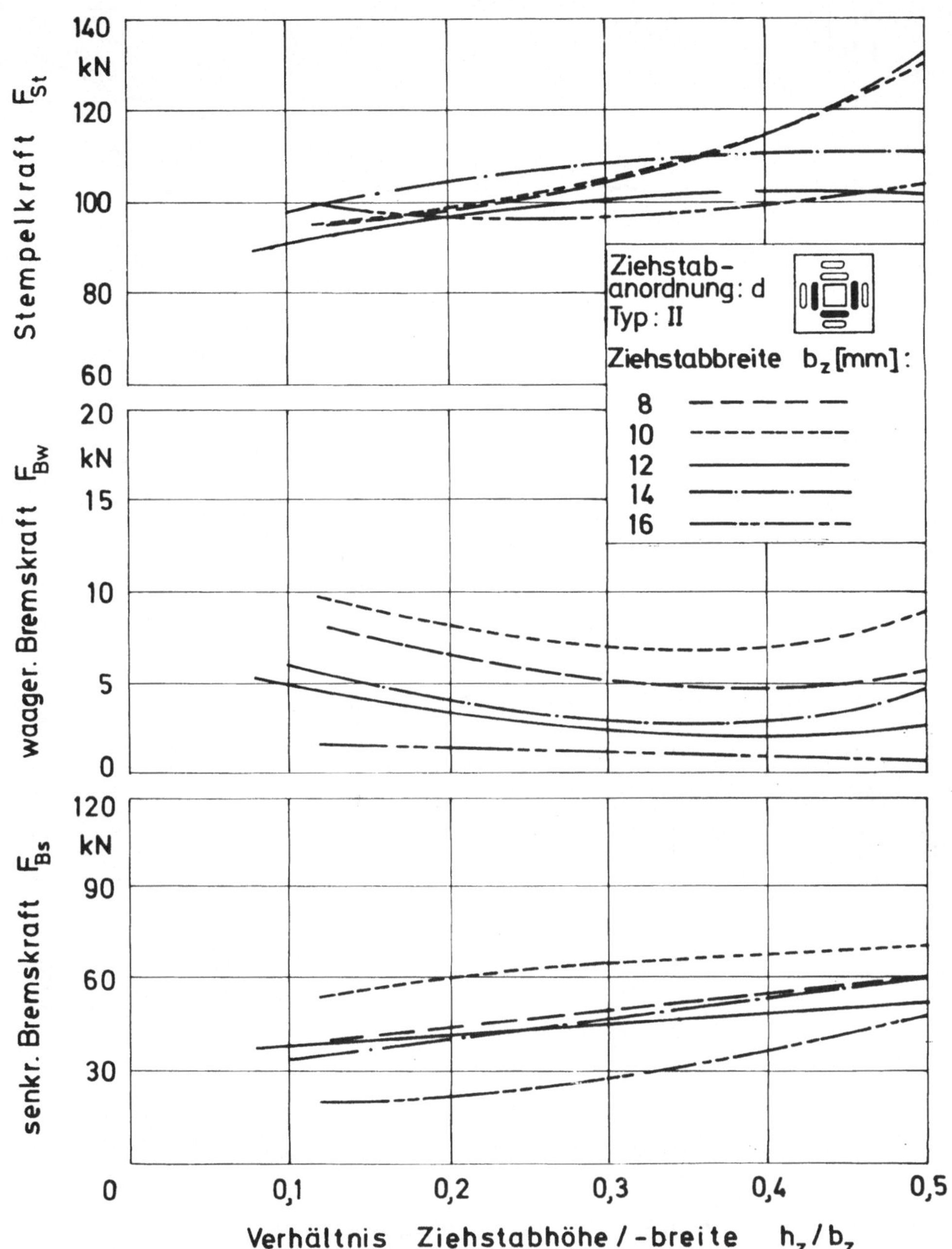

Bild 43: Verläufe der Stempelkraft F_{St}, der waagerechten Bremskraft F_{Bw} und der senkrechten Bremskraft F_{Bs} über dem Verhältnis Ziehstabhöhe/-breite h_z/b_z für die fünf Ziehstabbreiten b_z bei der Anordnung d und Typ II.

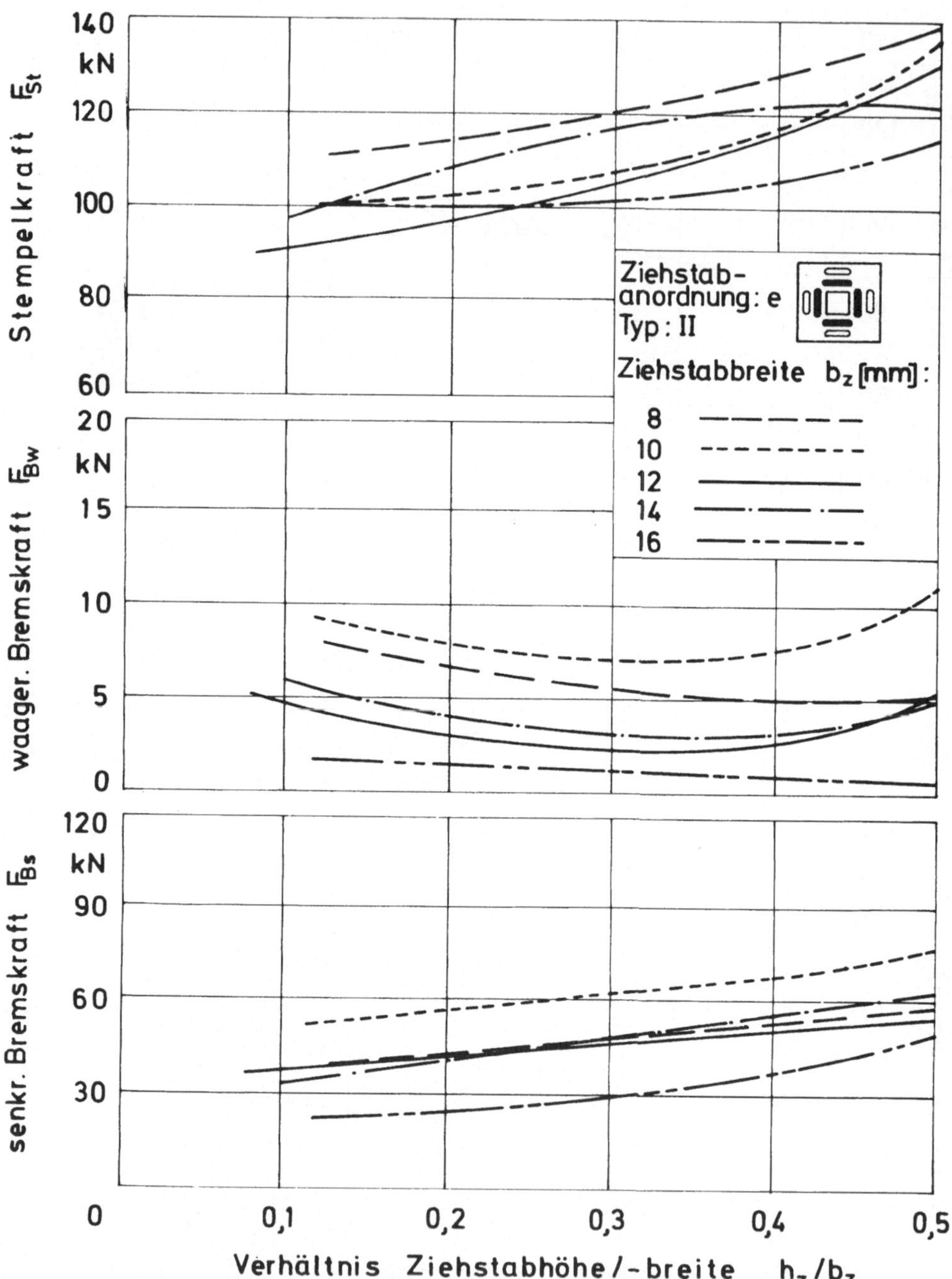

Bild 44: Verläufe der Stempelkraft F_{St}, der waagerechten Bremskraft F_{Bw} und der senkrechten Bremskraft F_{Bs} über dem Verhältnis Ziehstabhöhe/-breite h_z/b_z für die fünf Ziehstabbreiten b_z bei der Anordnung e und Typ II.

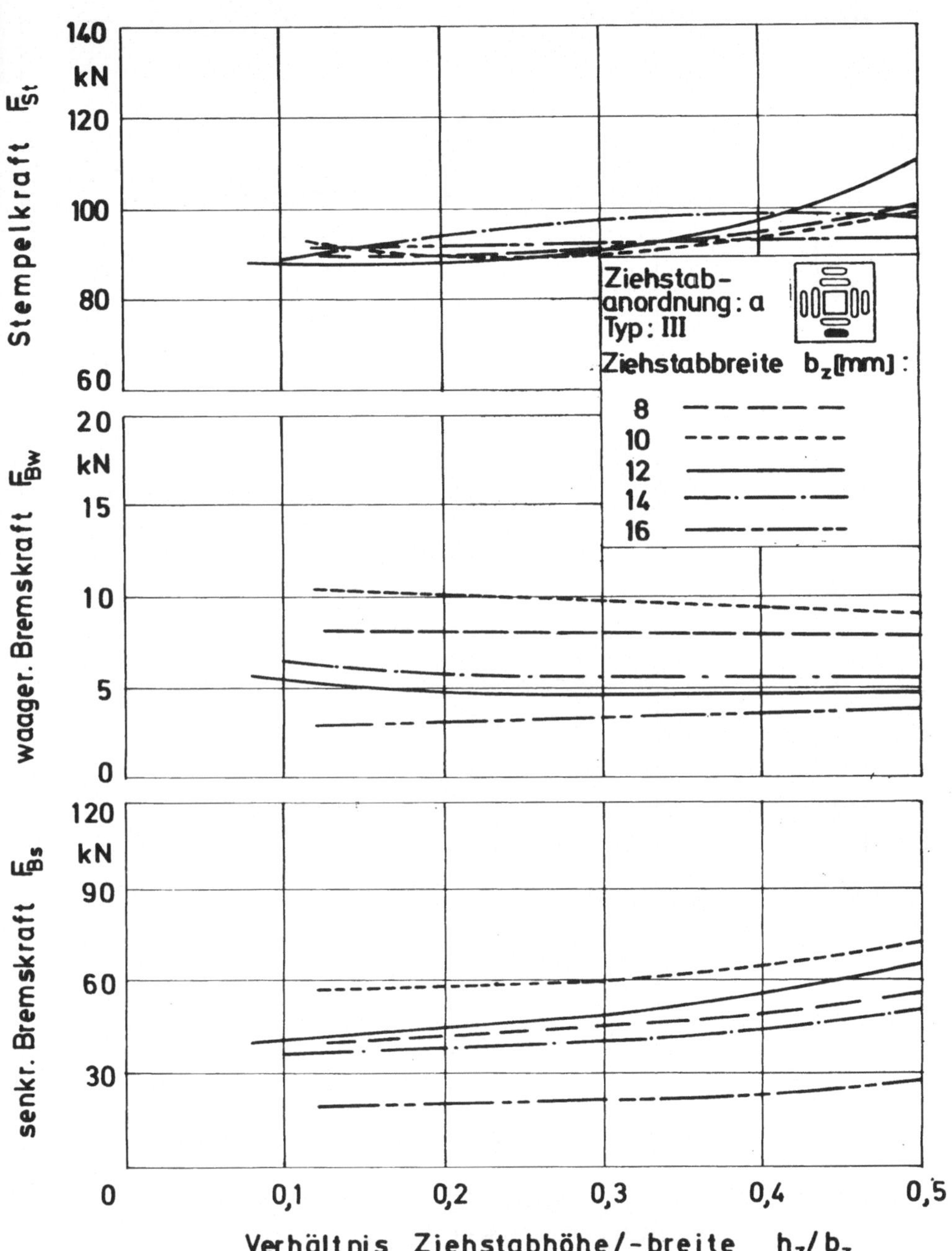

Bild 45: Verläufe der Stempelkraft F_{St}, der waagerechten Bremskraft F_{Bw} und der senkrechten Bremskraft F_{Bs} über dem Verhältnis Ziehstabhöhe/-breite h_z/b_z für die fünf Ziehstabbreiten b_z bei der Anordnung a und Typ III.

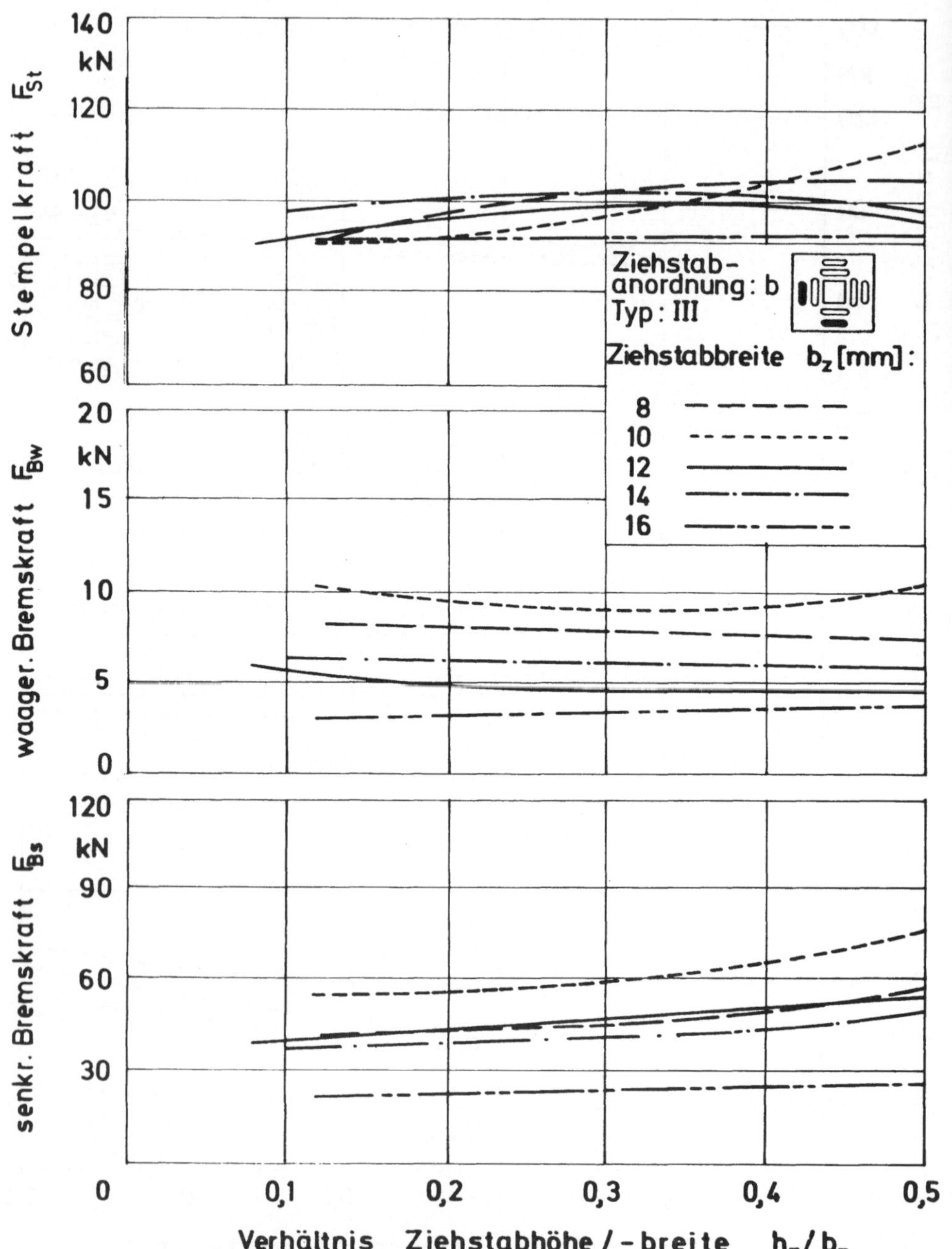

Bild 46: Verläufe der Stempelkraft F_{St}, der waagerechten Bremskraft F_{Bw} und der senkrechten Bremskraft F_{Bs} über dem Verhältnis Ziehstabhöhe/-breite h_z/b_z für die fünf Ziehstabbreiten b_z bei der Anordnung b und Typ III.

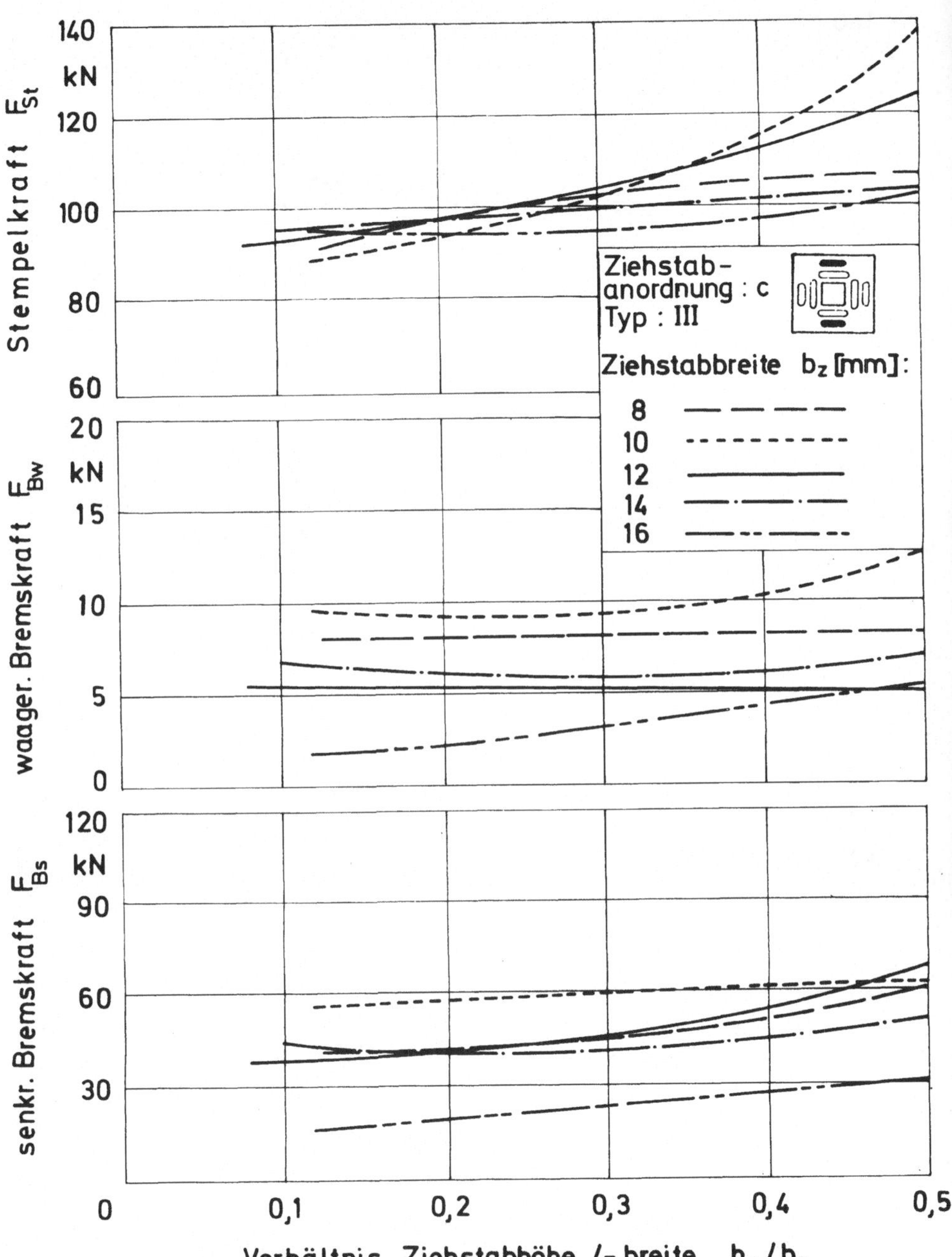

Bild 47: Verläufe der Stempelkraft F_{St}, der waagerechten Bremskraft F_{Bw} und der senkrechten Bremskraft F_{Bs} über dem Verhältnis Ziehstabhöhe/-breite h_z/b_z für die fünf Ziehstabbreiten b_z bei der Anordnung c und Typ III.

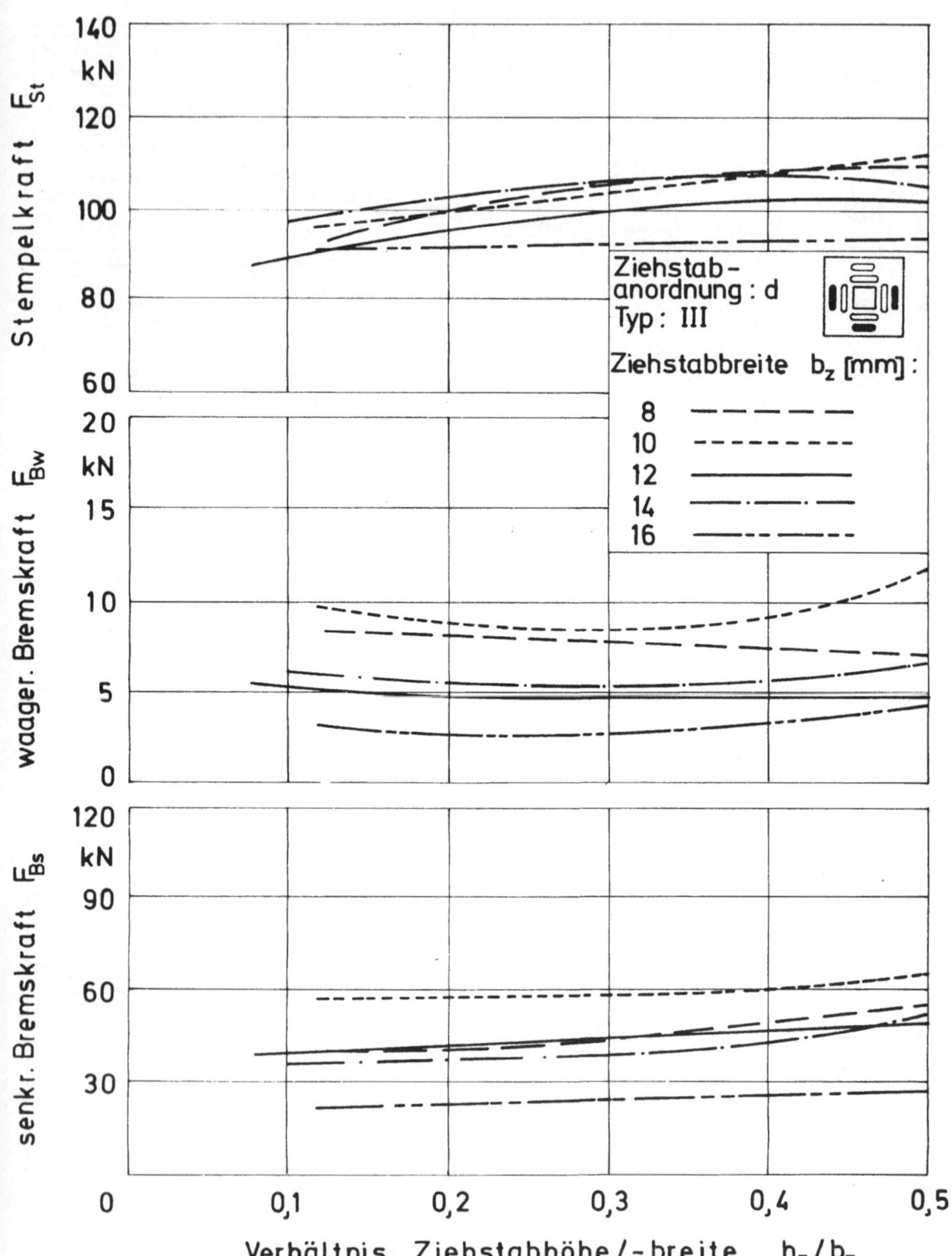

Bild 48: Verläufe der Stempelkraft F_{St}, der waagerechten Bremskraft F_{Bw} und der senkrechten Bremskraft F_{Bs} über dem Verhältnis Ziehstabhöhe/-breite h_z/b_z für die fünf Ziehstabbreiten b_z bei der Anordnung d und Typ III.

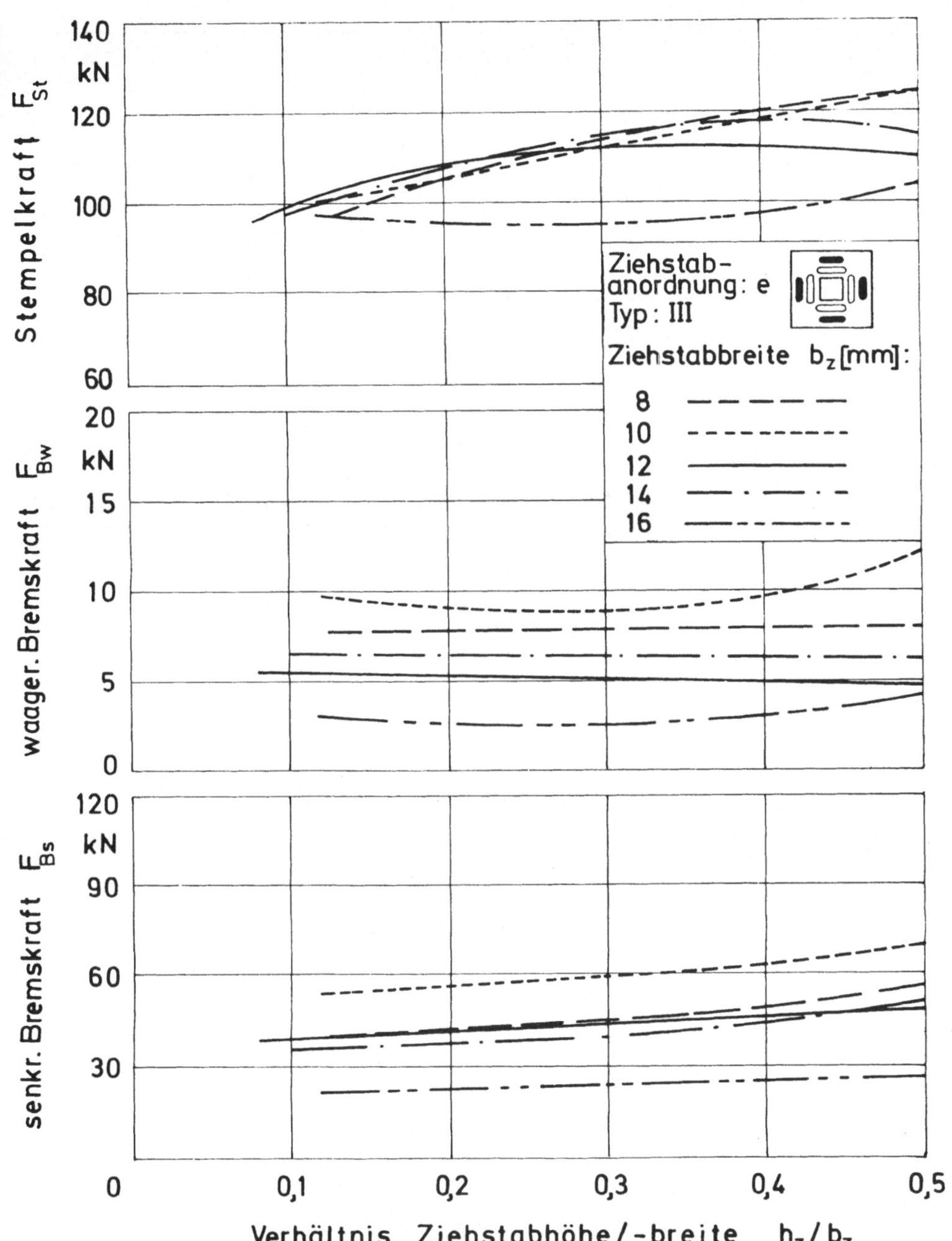

Bild 49: Verläufe der Stempelkraft F_{St}, der waagerechten Bremskraft F_{Bw} und der senkrechten Bremskraft F_{Bs} über dem Verhältnis Ziehstabhöhe/-breite h_z/b_z für die fünf Ziehstabbreiten b_z bei der Anordnung e und Typ III.

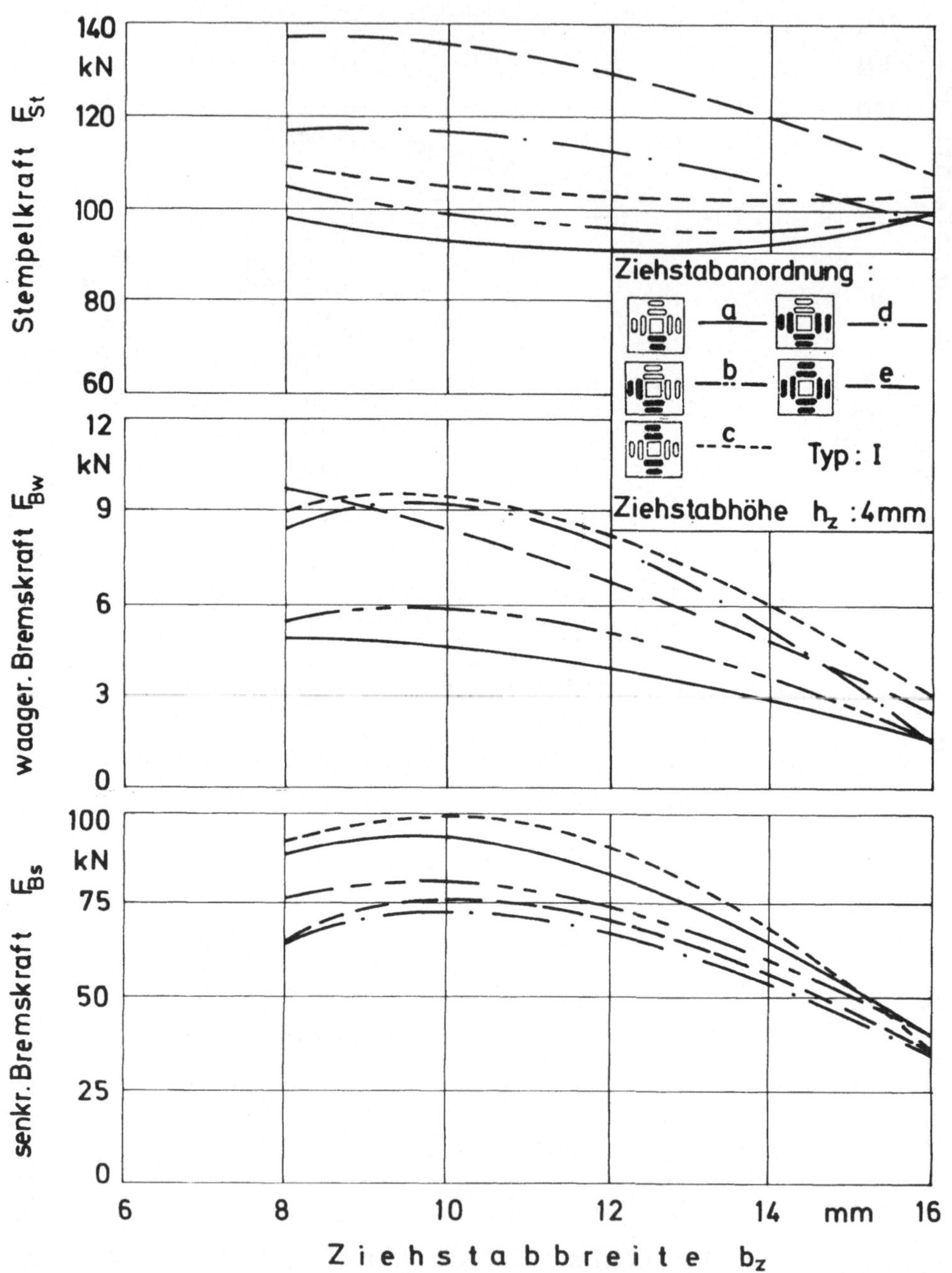

Bild 50: Verläufe der Stempelkraft F_{St}, der waagerechten Bremskraft F_{Bw} und der senkrechten Bremskraft F_{Bs} über der Ziehstabbreite b_z bei den fünf Anordnungen a bis e des Typs I.

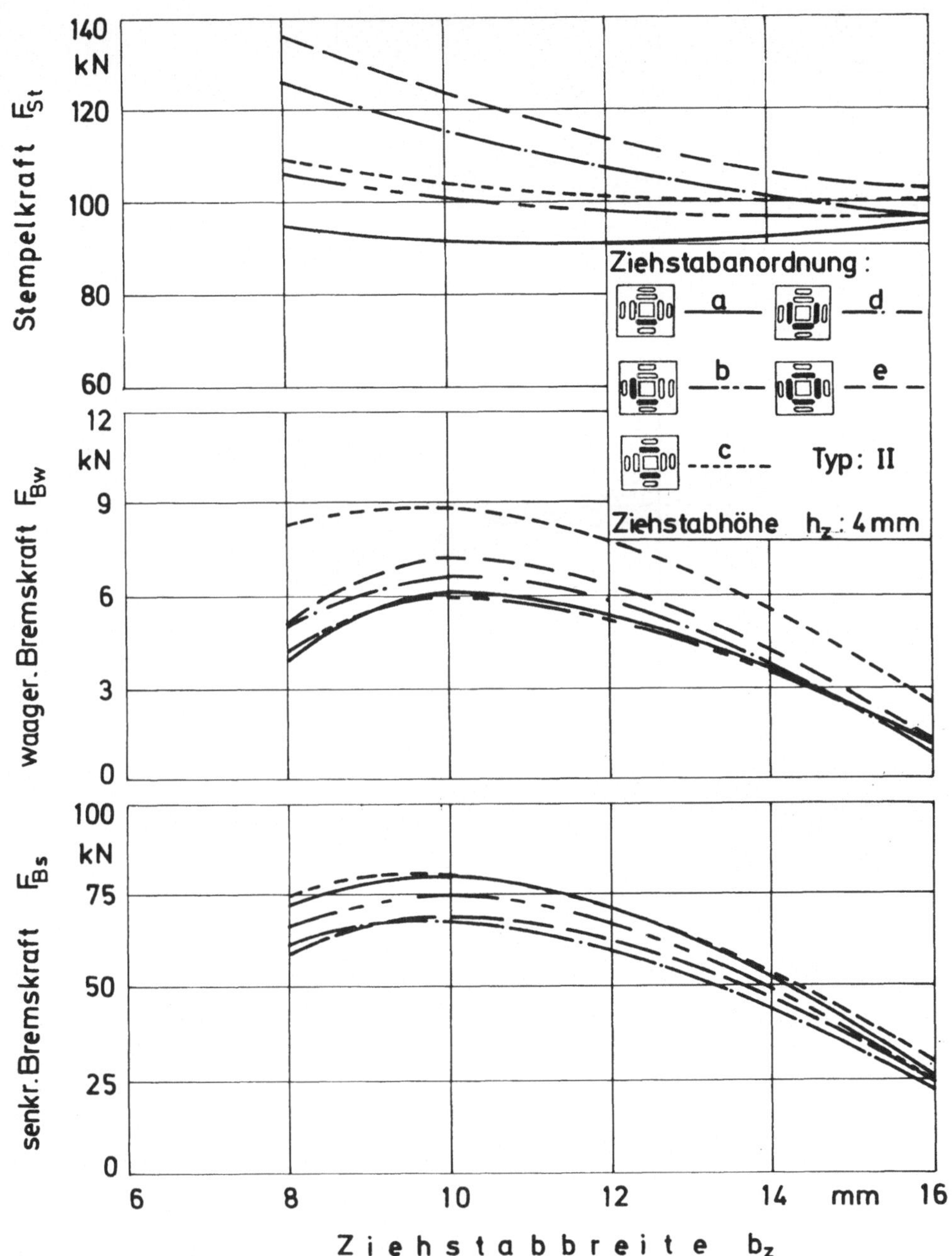

Bild 51: Verläufe der Stempelkraft F_{St}, der waagerechten Bremskraft F_{Bw} und der senkrechten Bremskraft F_{Bs} über der Ziehstabbreite b_z bei den fünf Anordnungen a bis e des Typs II.

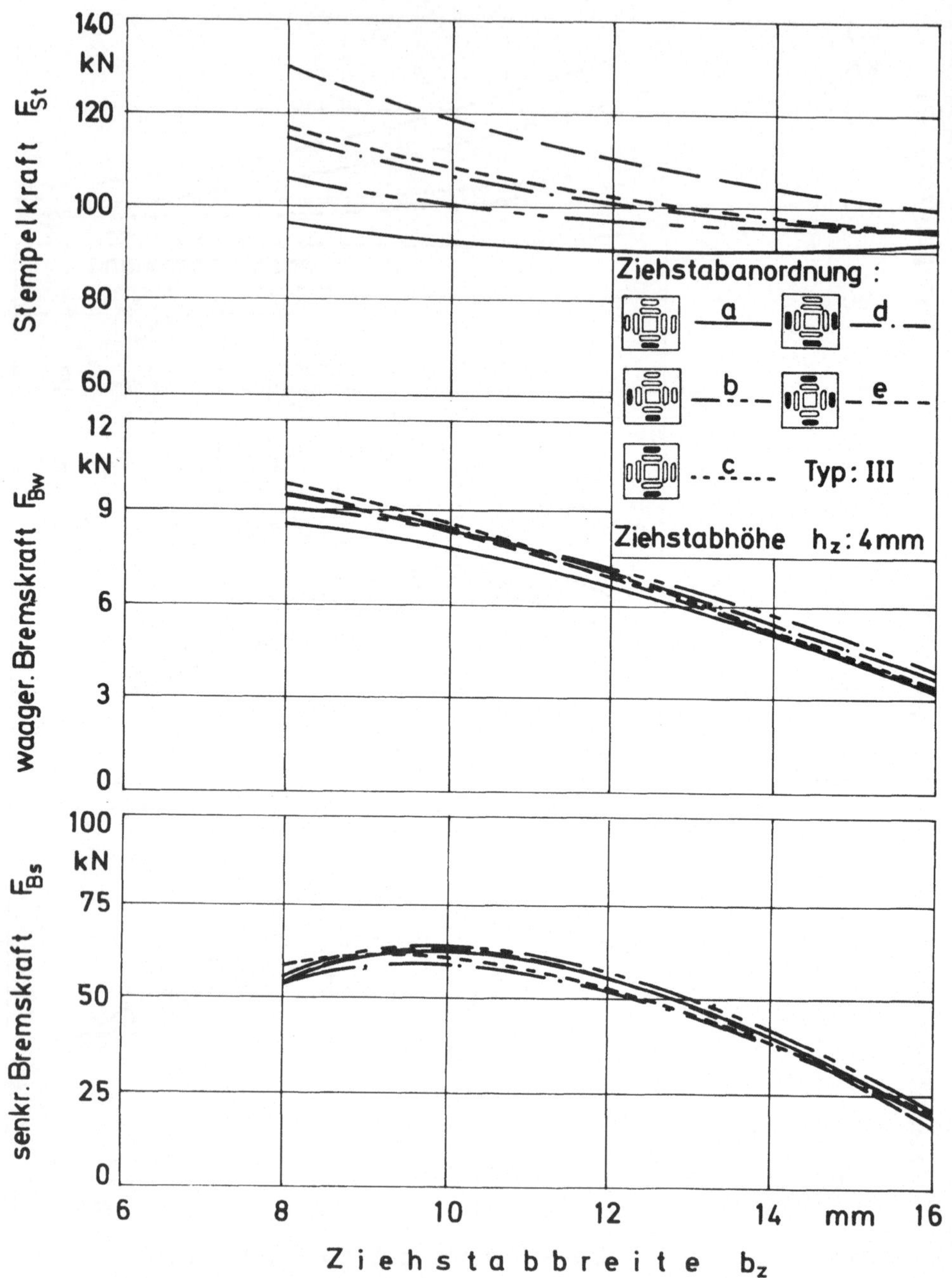

Bild 52: Verläufe der Stempelkraft F_{St}, der waagerechten Bremskraft F_{Bw} und der senkrechten Bremskraft F_{Bs} über der Ziehstabbreite b_z bei den fünf Anordnungen a bis e des Typs III.

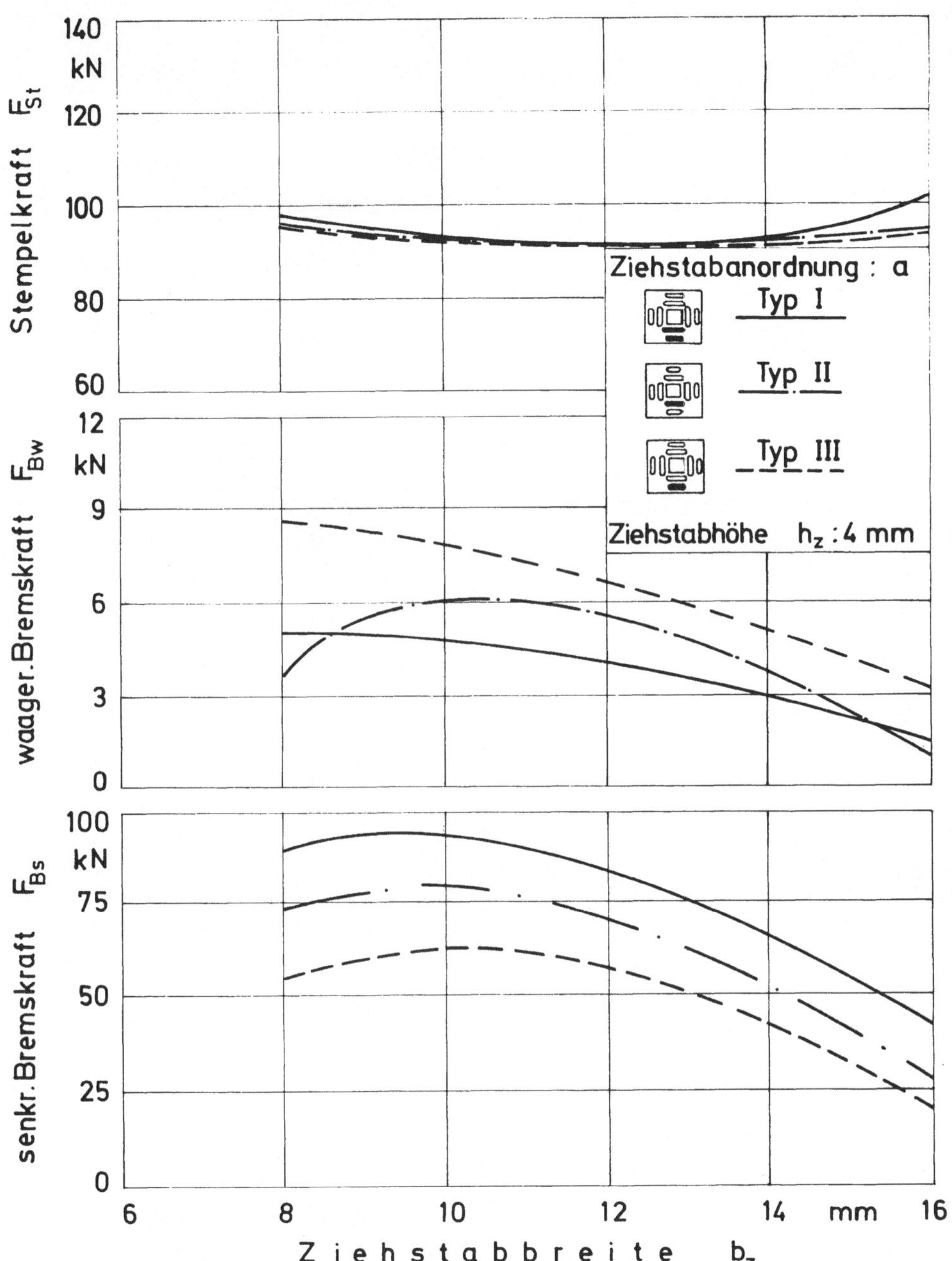

Bild 53: Verläufe der Stempelkraft F_{St}, der waagerechten Bremskraft F_{Bw} und der senkrechten Bremskraft F_{Bs} über der Ziehstabbreite b_z bei der Anordnung a der Typen I, II und III.

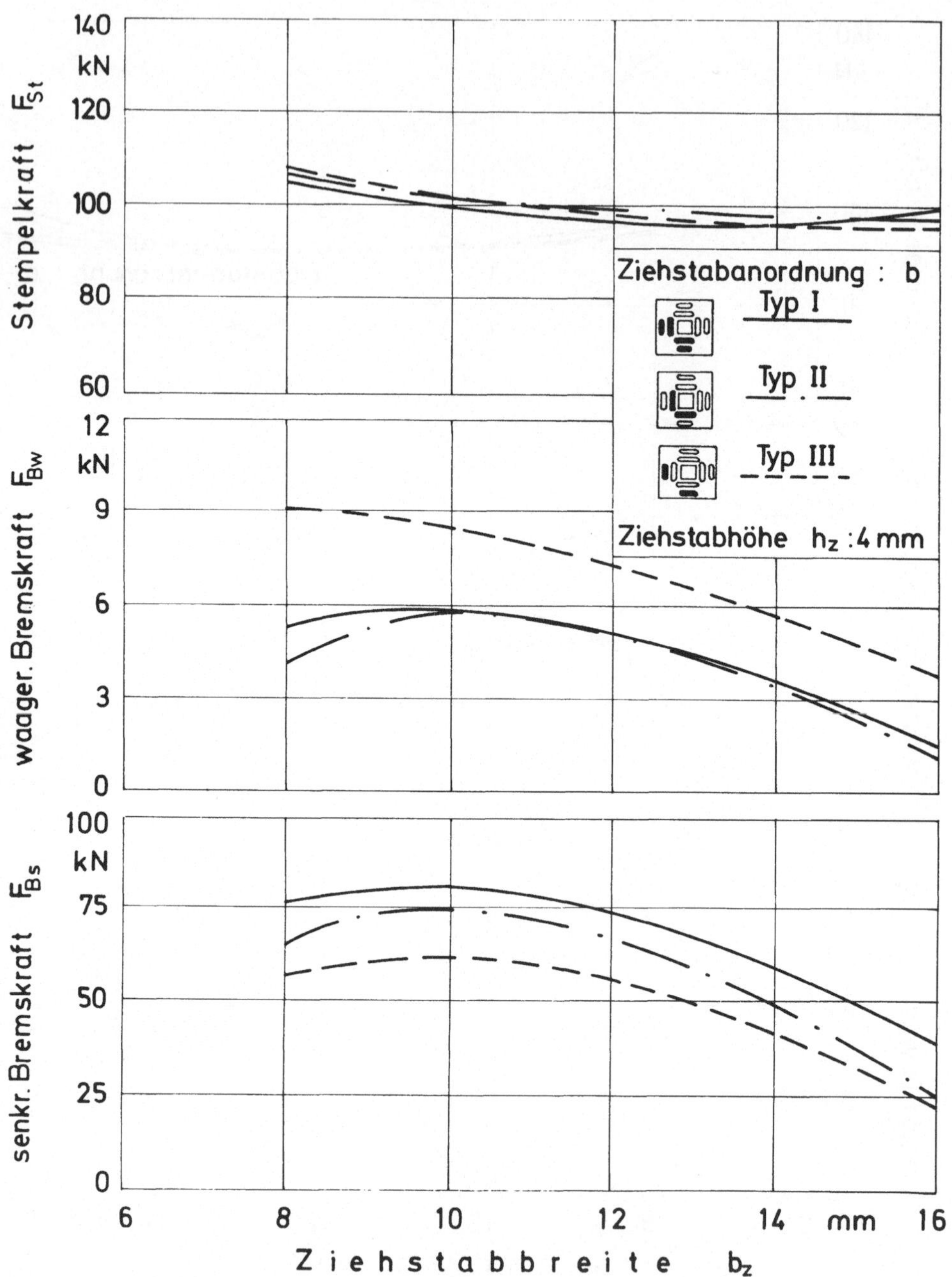

Bild 54: Verläufe der Stempelkraft F_{St}, der waagerechten Bremskraft F_{Bw} und der senkrechten Bremskraft F_{Bs} über der Ziehstabbreite b_z bei der Anordnung b der Typen I, II und III.

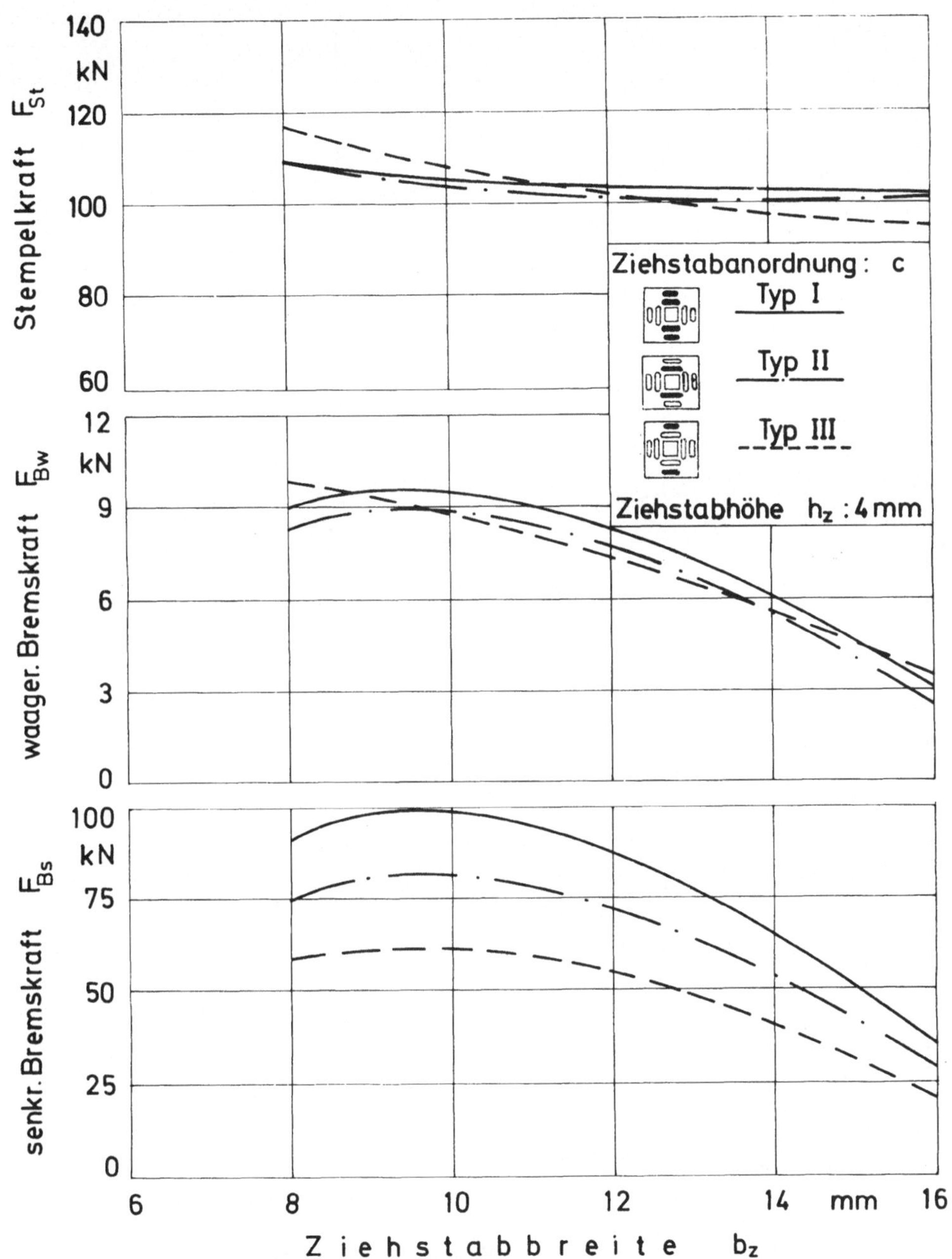

Bild 55: Verläufe der Stempelkraft F_{St}, der waagerechten Bremskraft F_{Bw} und der senkrechten Bremskraft F_{Bs} über der Ziehstabbreite b_z bei der Anordnung c der Typen I, II und III.

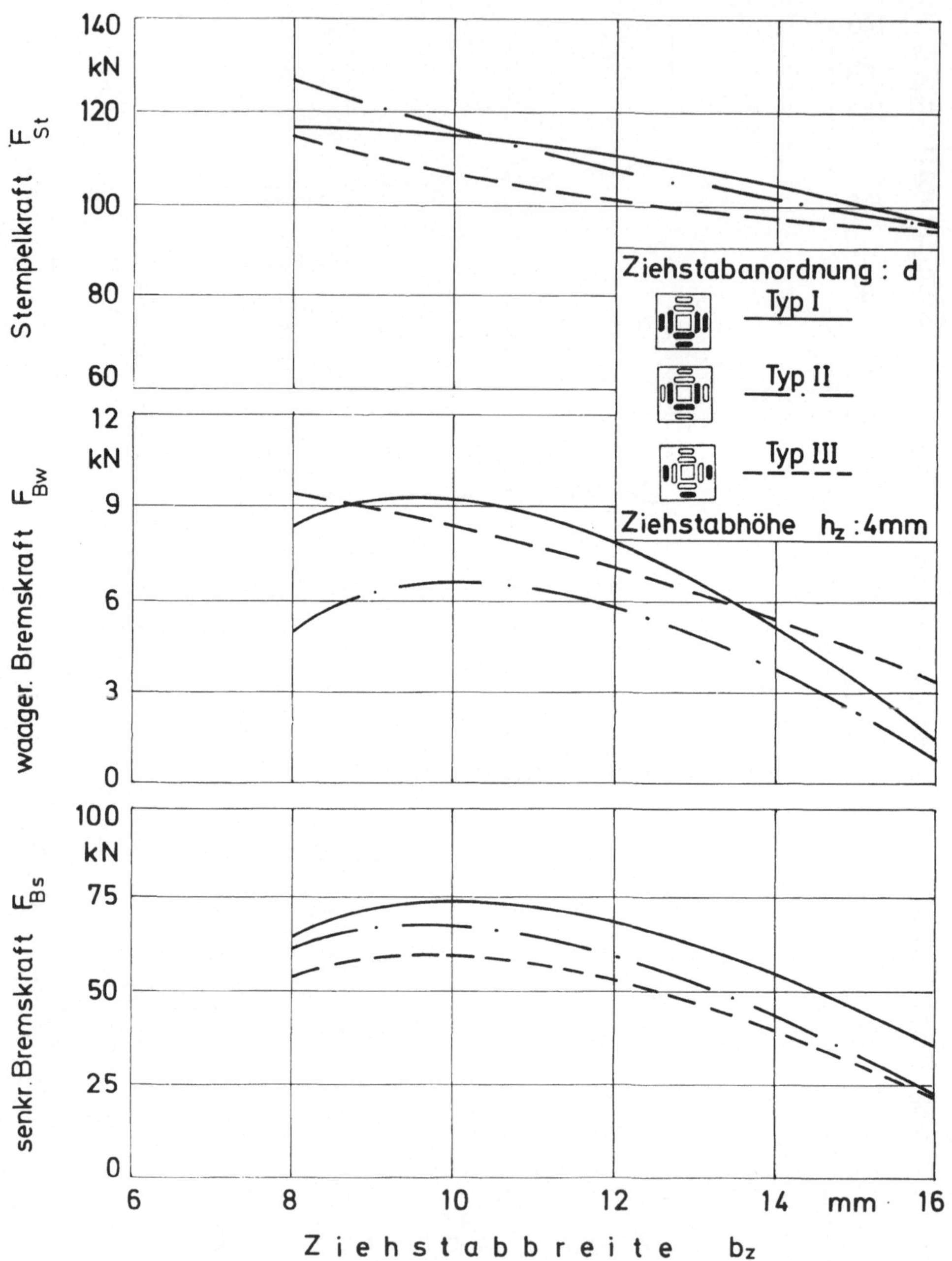

Bild 56: Verläufe der Stempelkraft F_{St}, der waagerechten Bremskraft F_{Bw} und der senkrechten Bremskraft F_{Bs} über der Ziehstabbreite b_z bei der Anordnung d der Typen I, II und III.

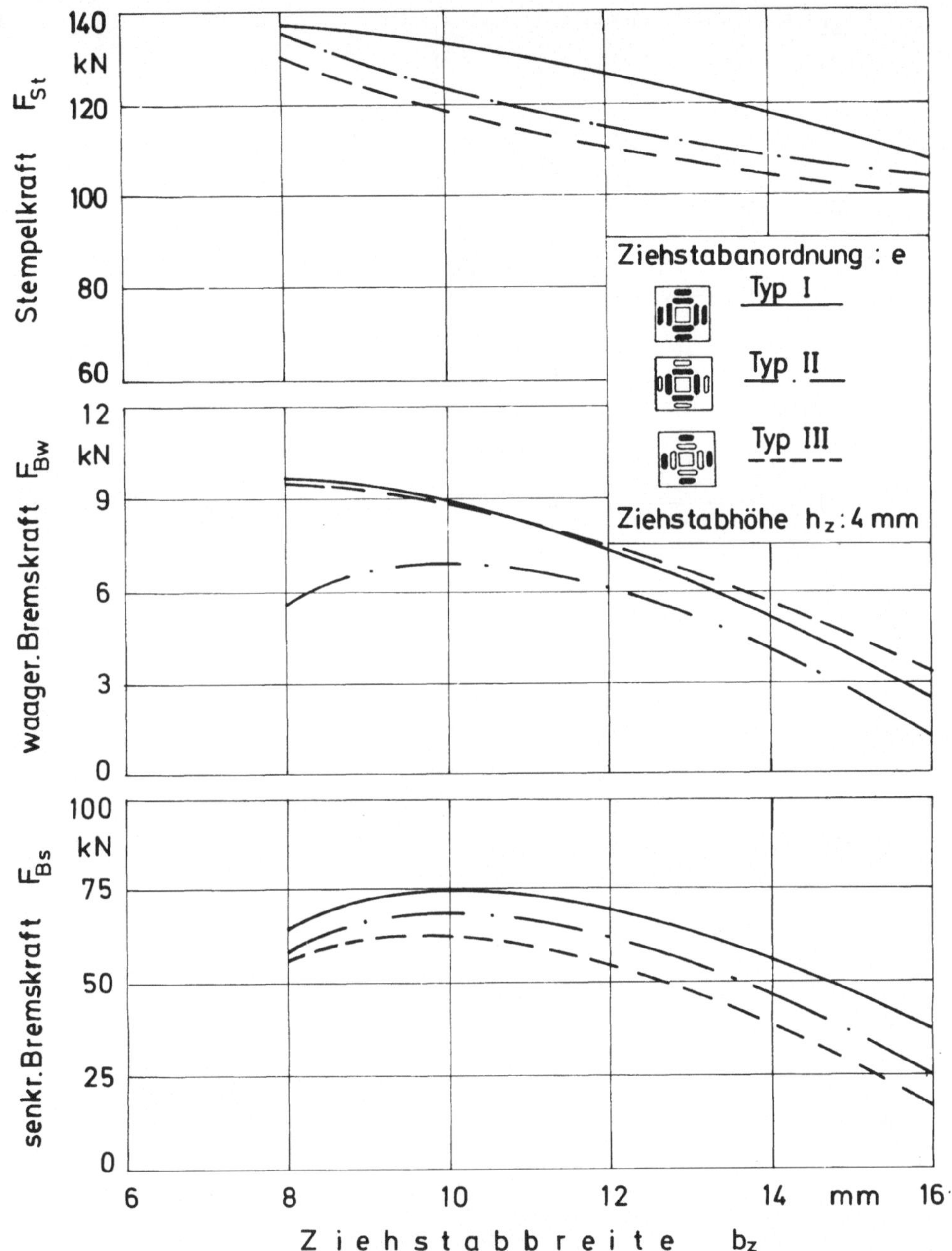

Bild 57: Verläufe der Stempelkraft F_{St}, der waagerechten Bremskraft F_{Bw} und der senkrechten Bremskraft F_{Bs} über der Ziehstabbreite b_z bei der Anordnung e der Typen I, II und III.

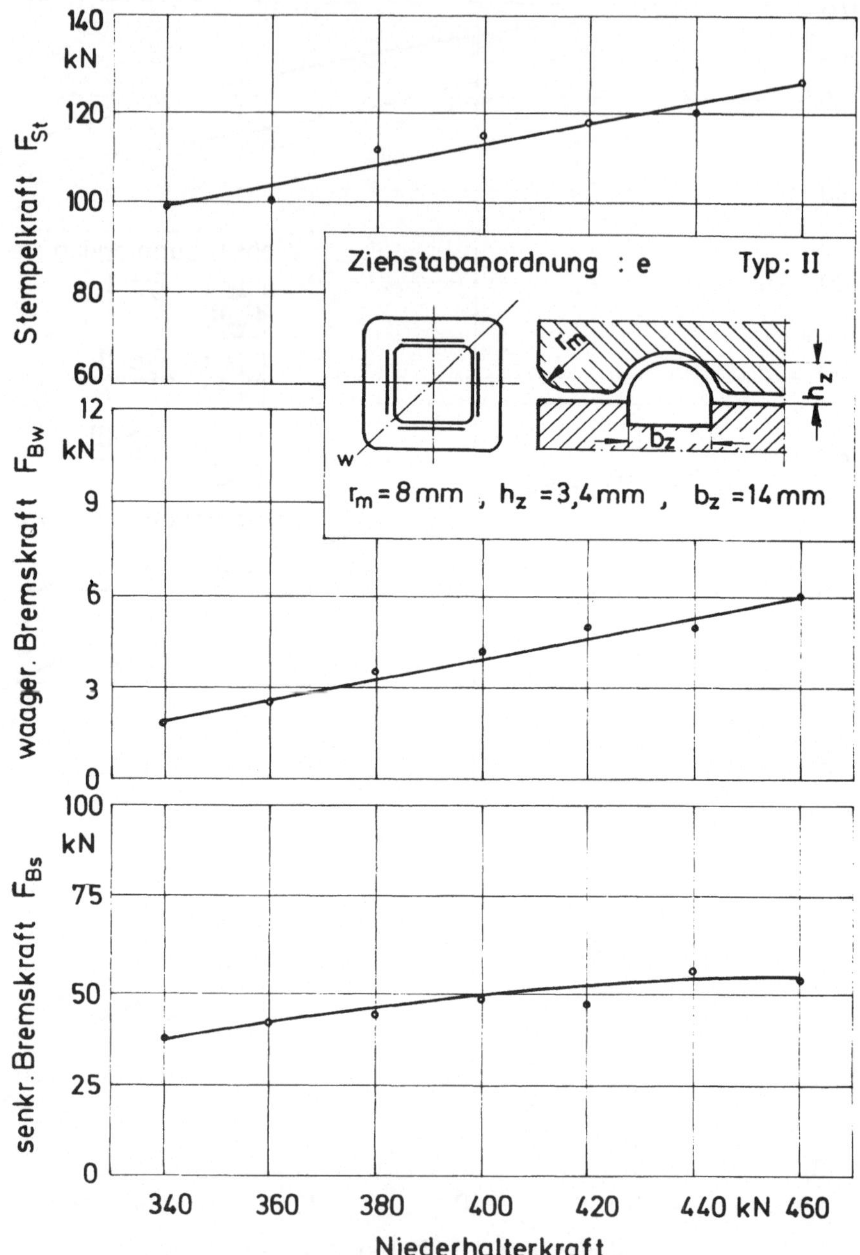

Bild 58: Verläufe der Stempelkraft F_{St}, der waagerechten Bremskraft F_{Bw} und der senkrechten Bremskraft F_{Bs} über der Niederhalterkraft.

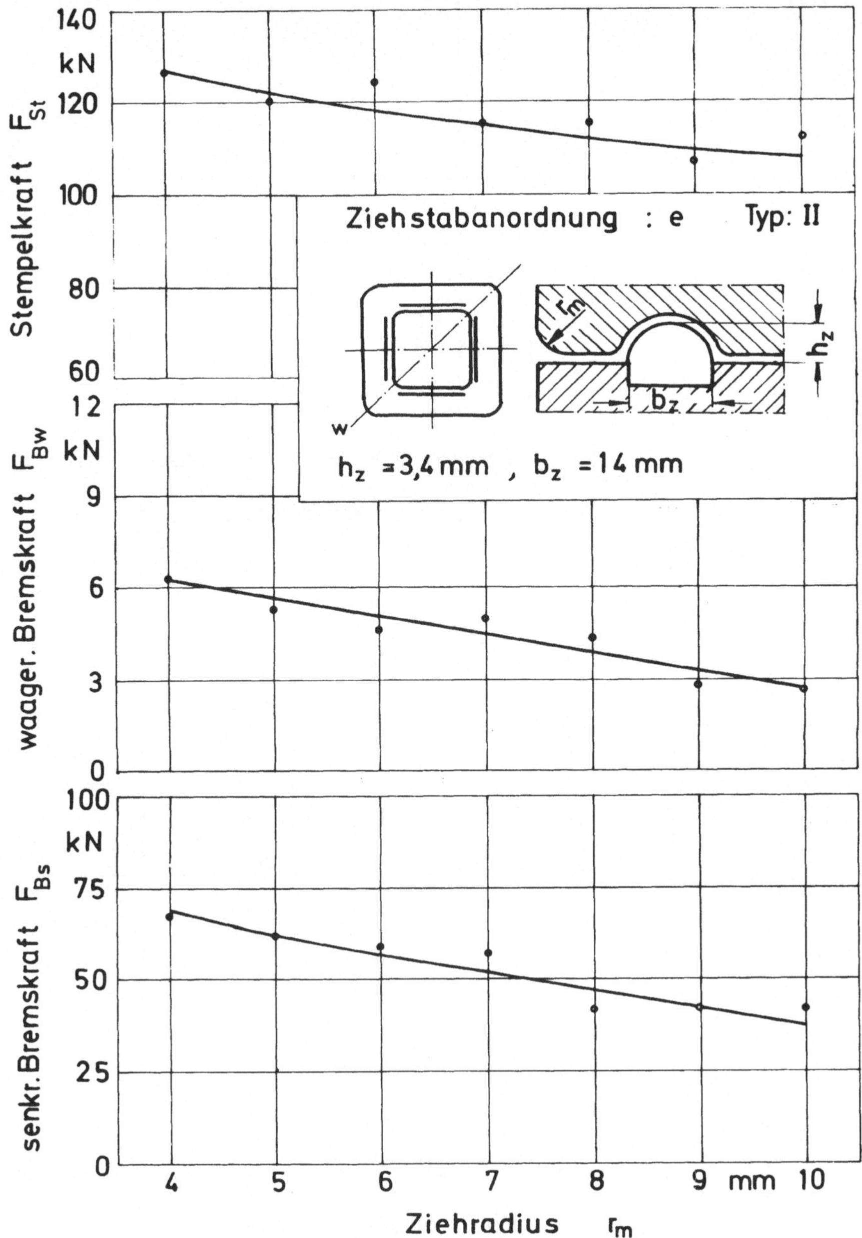

Bild 59: Verläufe der Stempelkraft F_{St}, der waagerechten Bremskraft F_{Bw} und der senkrechten Bremskraft F_{Bs} über dem Ziehradius.

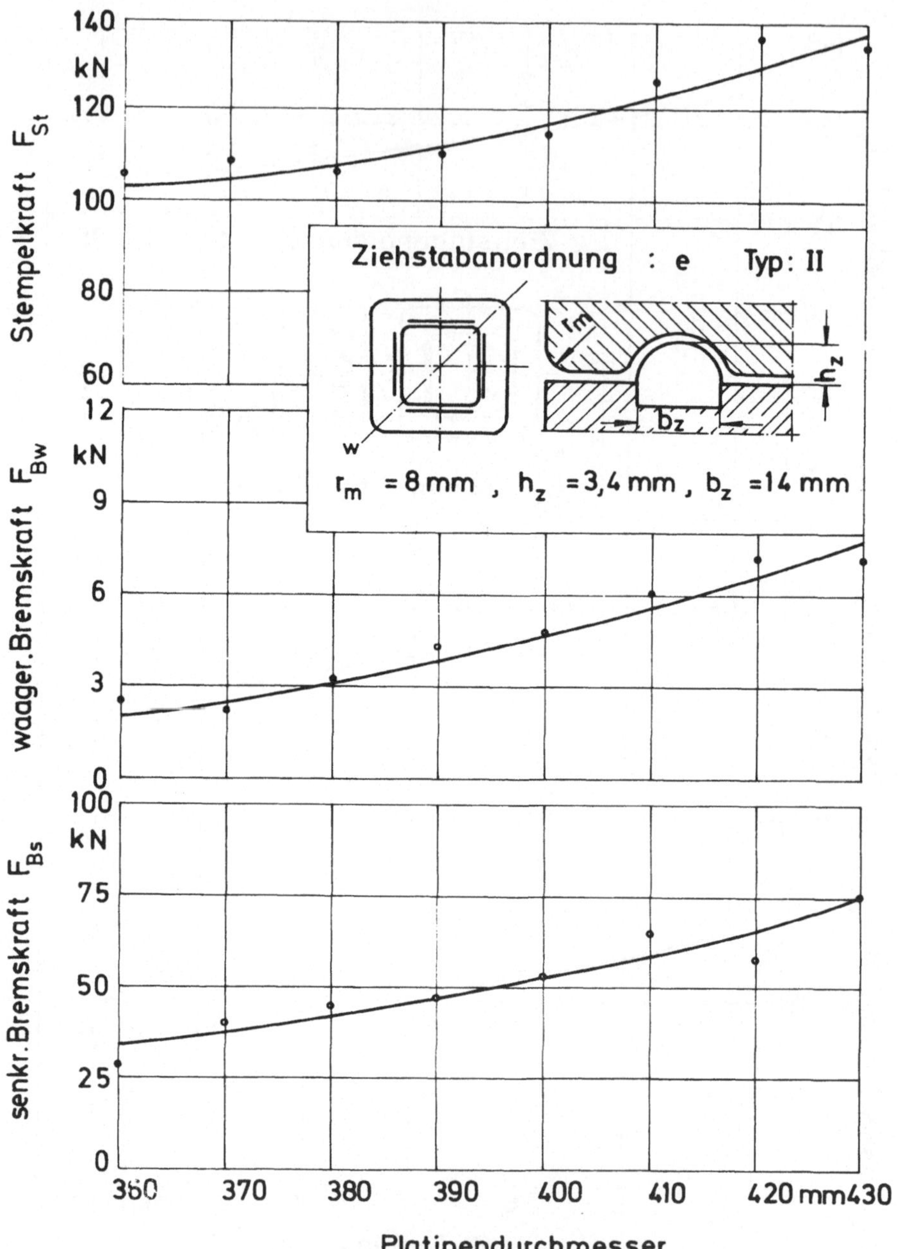

Bild 60: Verläufe der Stempelkraft F_{St}, der waagerechten Bremskraft F_{Bw} und der senkrechten Bremskraft F_{Bs} über dem Platinendurchmesser.

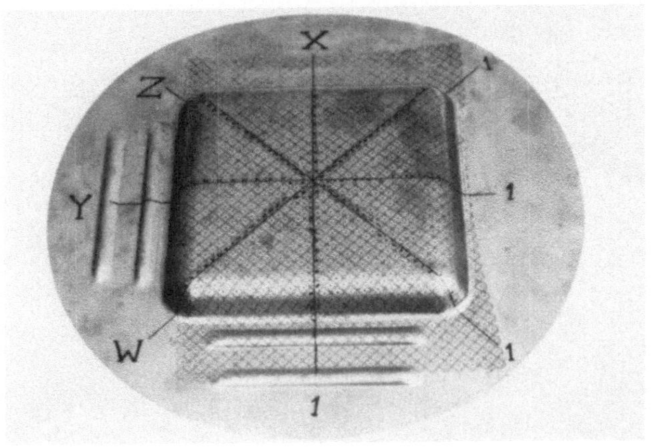

a)

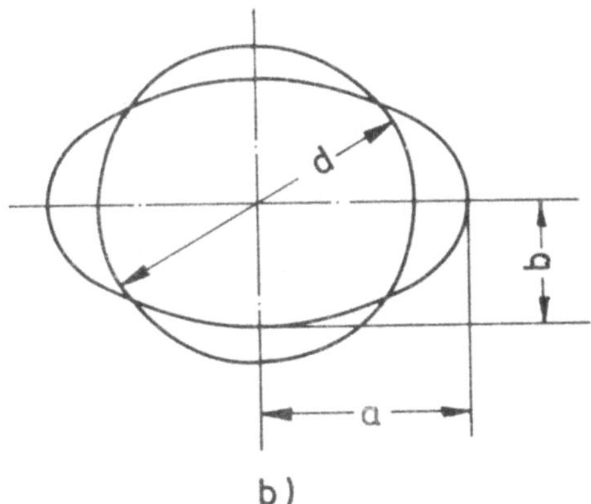

b)

Bild 61: Auswertungsprinzip

a) Aufnahme eines Ziehteiles mit den gezeichneten
Schnitten

b) Liniennetzelement vor und nach der Formänderung.

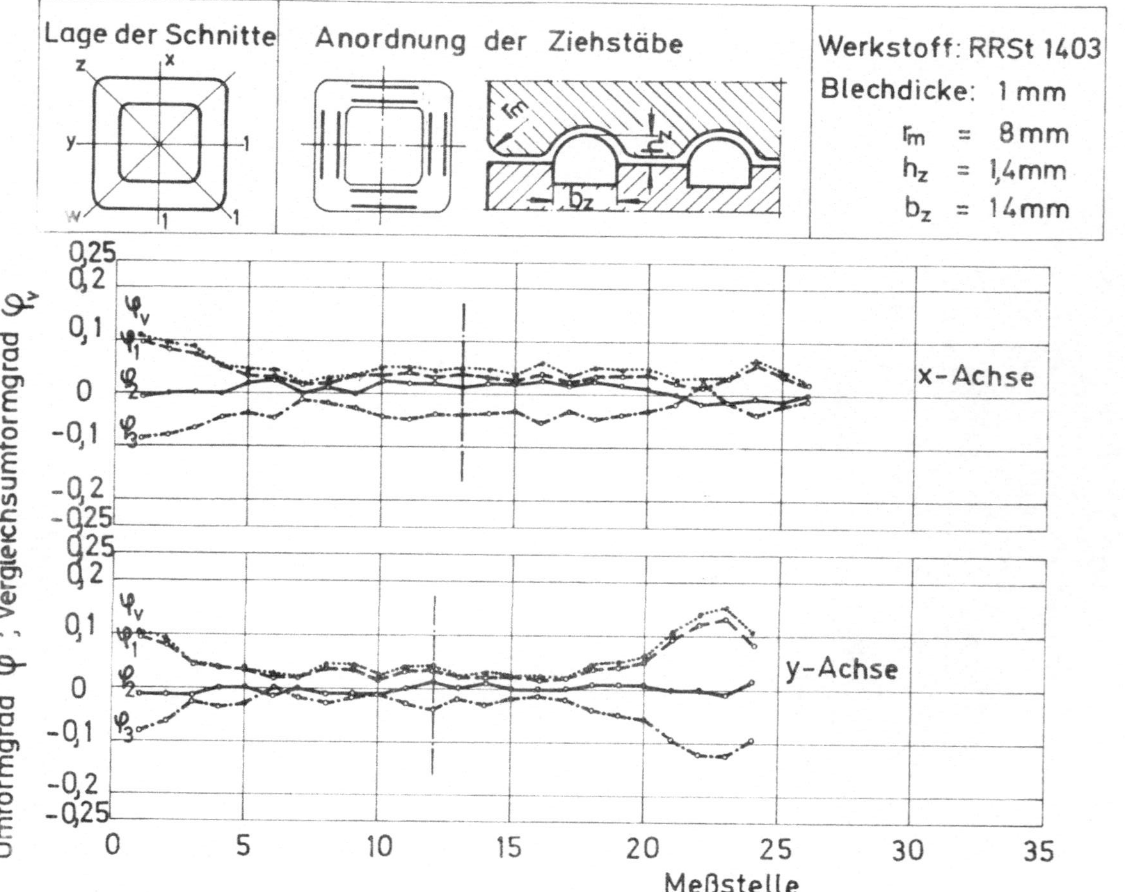

Bild 62: Formänderungen entlang der Achse x und y.

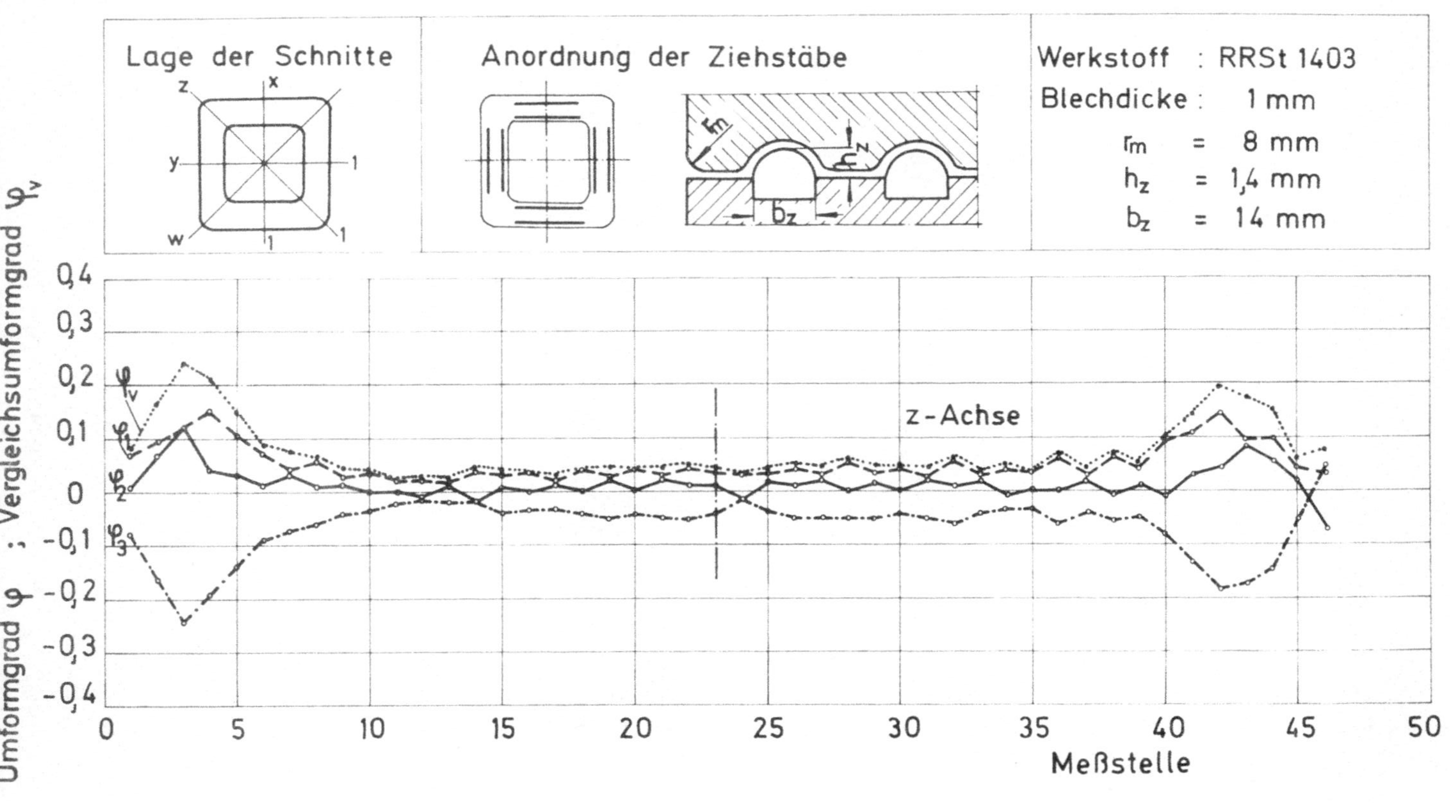

Bild 63: Formänderungen entlang der Achse z.

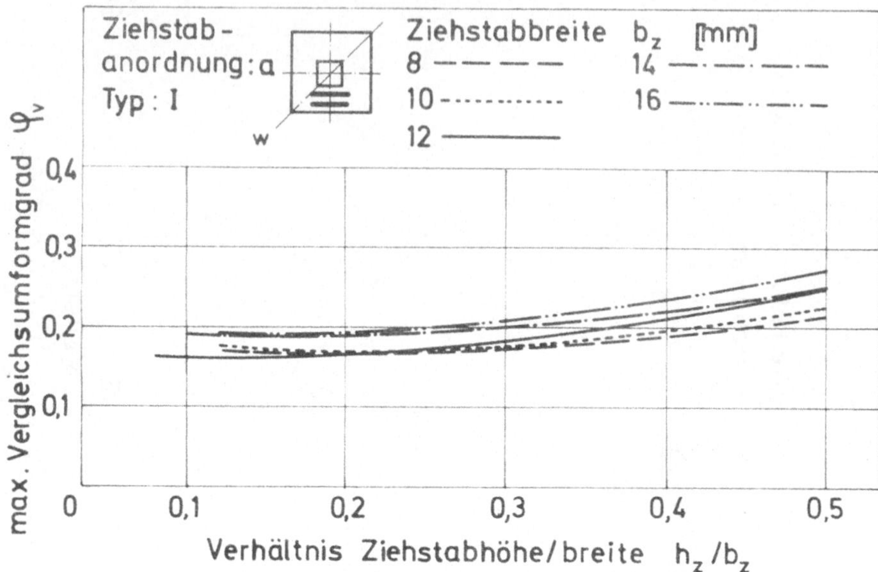

Bild 64: Verläufe der Vergleichsumformgrade über dem Verhältnis Ziehstabhöhe /-breite h_z/b_z für die fünf Ziehstabbreiten b_z bei der Anordnung a und Typ I.

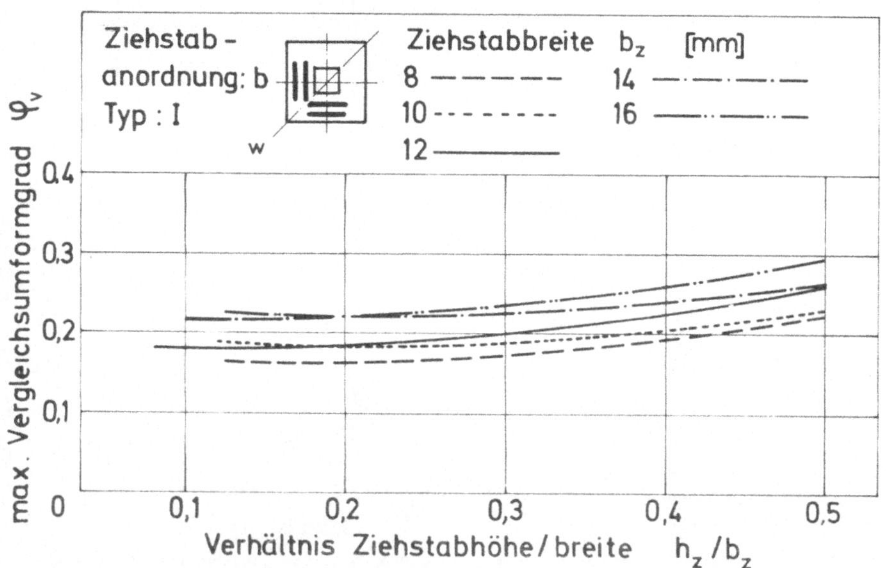

Bild 65: Verläufe der Vergleichsumformgrade über dem Verhältnis Ziehstabhöhe /-breite h_z/b_z für die fünf Ziehstabbreiten b_z bei der Anordnung b und Typ I.

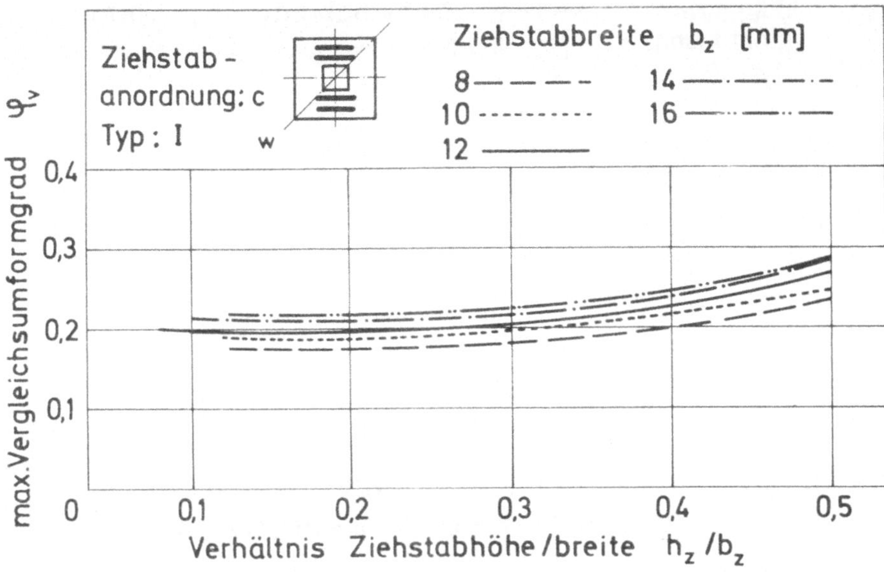

Bild 66: Verläufe der Vergleichsumformgrade über dem Verhältnis Ziehstabhöhe/-breite h_z/b_z für die fünf Ziehstabbreiten b_z bei der Anordnung c und Typ I.

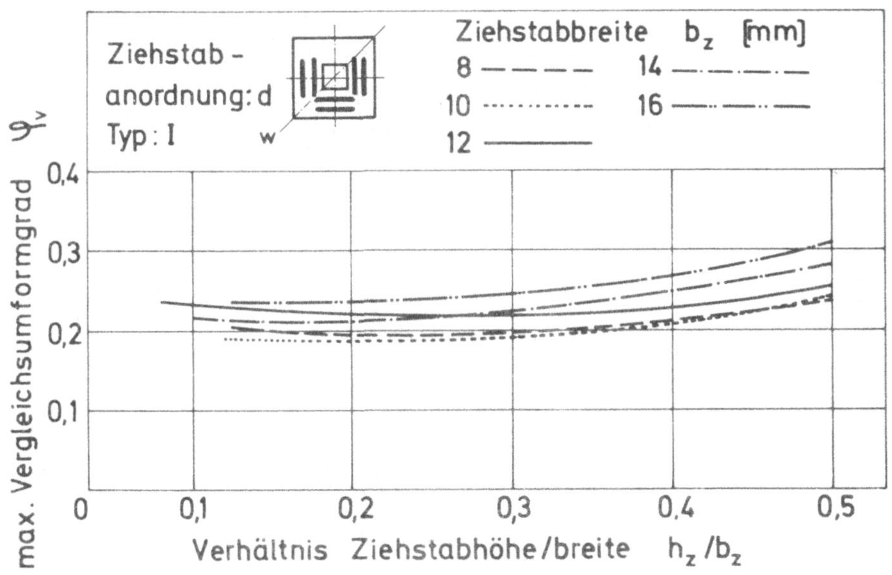

Bild 67: Verläufe der Vergleichsumformgrade über dem Verhältnis Ziehstabhöhe/-breite h_z/b_z für die fünf Ziehstabbreiten b_z bei der Anordnung d und Typ I.

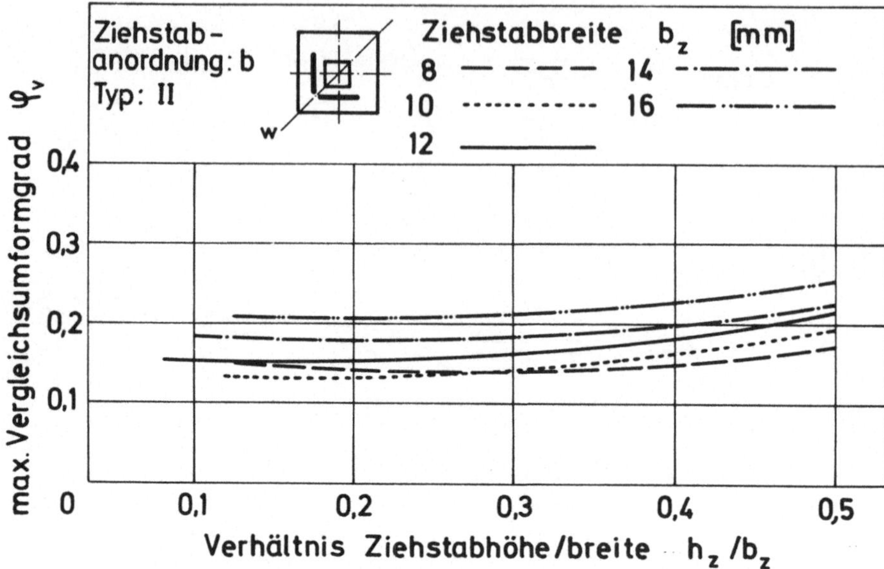

Bild 68: Verläufe der Vergleichsumformgrade über dem Verhältnis Ziehstabhöhe/-breite h_z/b_z für die fünf Ziehstabbreiten b_z bei der Anordnung e und Typ I.

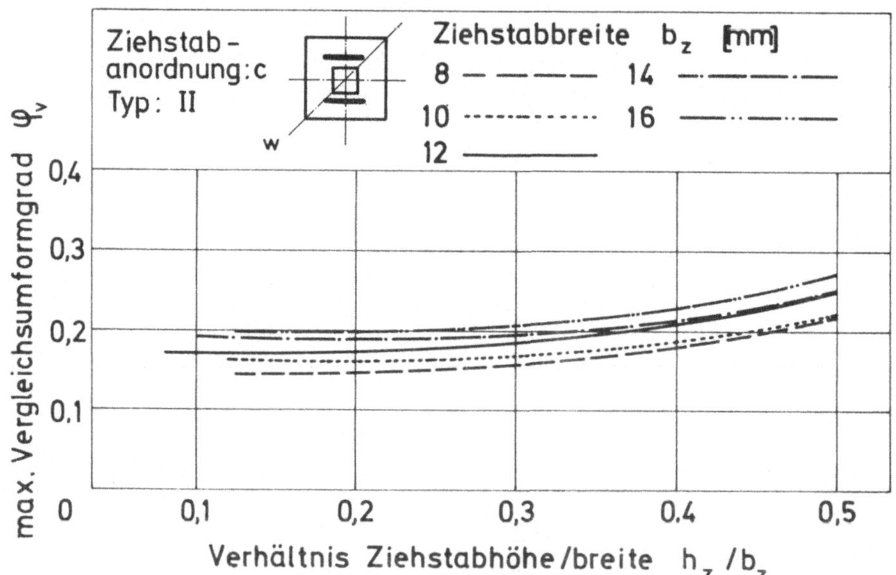

Bild 69: Verläufe der Vergleichsumformgrade über dem Verhältnis Ziehstabhöhe/-breite h_z/b_z für die fünf Ziehstabbreiten b_z bei der Anordnung a und Typ II.

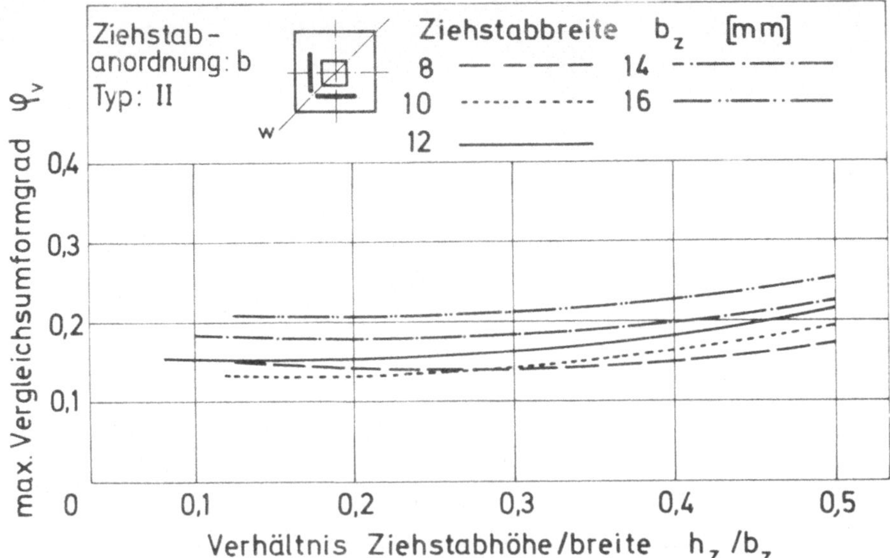

Bild 70: Verläufe der Vergleichsumformgrade über dem Verhältnis
Ziehstabhöhe/-breite h_z/b_z für die fünf Ziehstabbreiten
b_z bei der Anordnung b und Typ II.

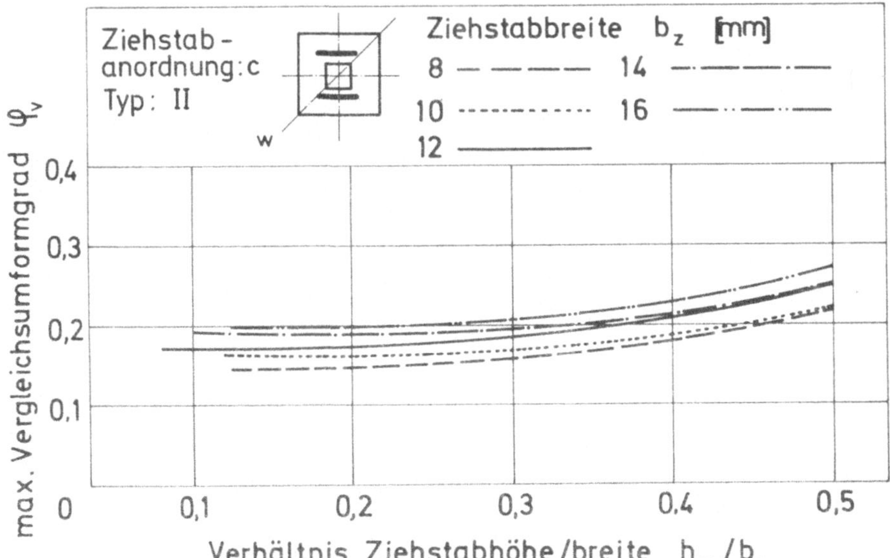

Bild 71: Verläufe der Vergleichsumformgrade über dem Verhältnis
Ziehstabhöhe/-breite h_z/b_z für die fünf Ziehstabbreiten
b_z bei der Anordnung c und Typ II.

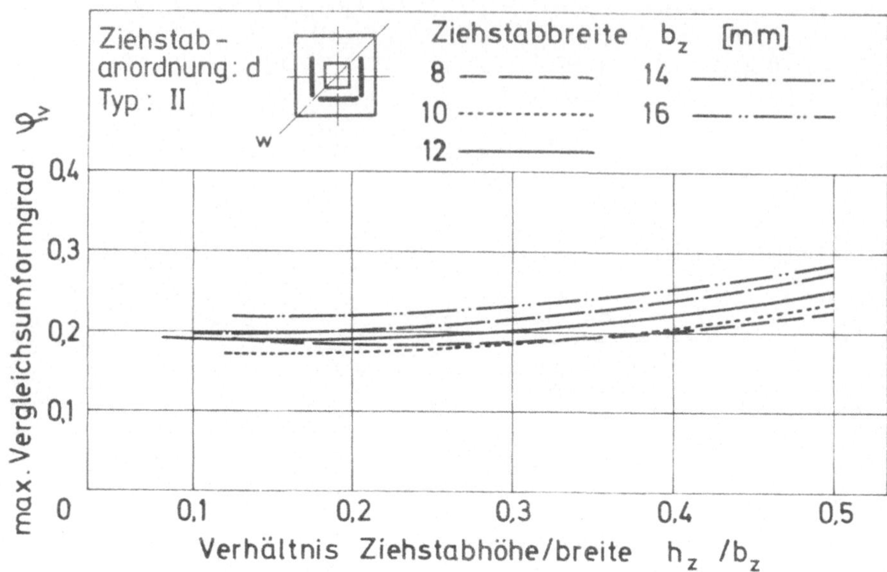

Bild 72: Verläufe der Vergleichsumformgrade über dem Verhältnis Ziehstabhöhe/-breite h_z/b_z für die fünf Ziehstabbreiten b_z bei der Anordnung d und Typ II.

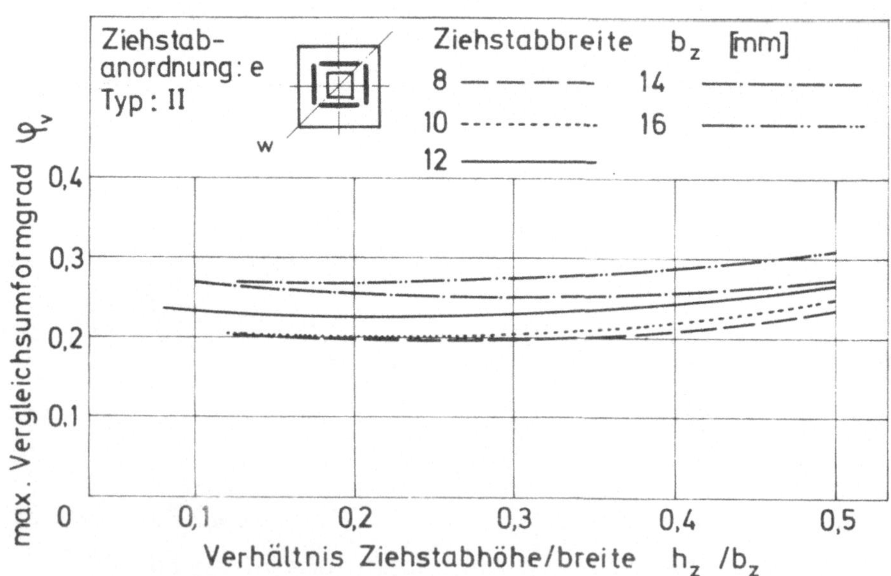

Bild 73: Verläufe der Vergleichsumformgrade über dem Verhältnis Ziehstabhöhe/-breite h_z/b_z für die fünf Ziehstabbreiten b_z bei der Anordnung e und Typ II.

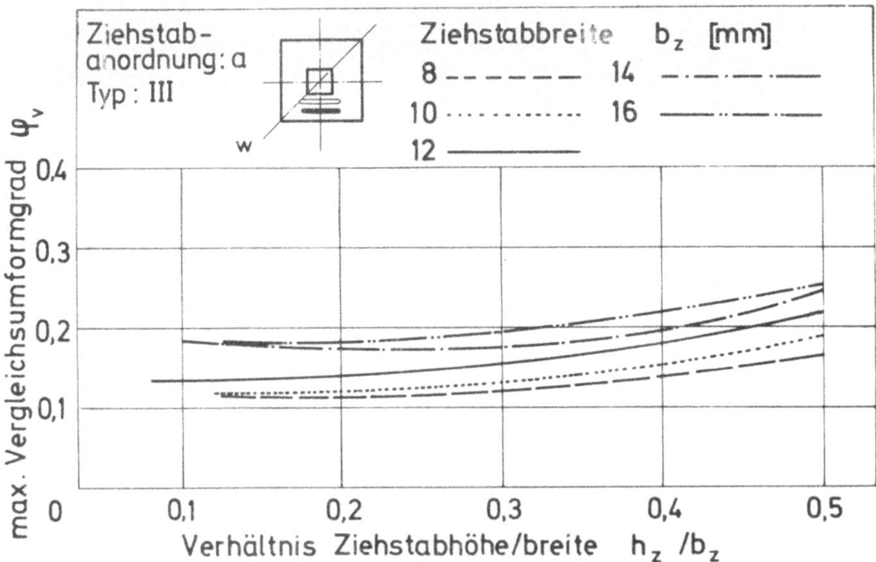

Bild 74: Verläufe der Vergleichsumformgrade über dem Verhältnis Ziehstabhöhe/-breite h_z/b_z für die fünf Ziehstabbreiten b_z bei der Anordnung a und Typ III.

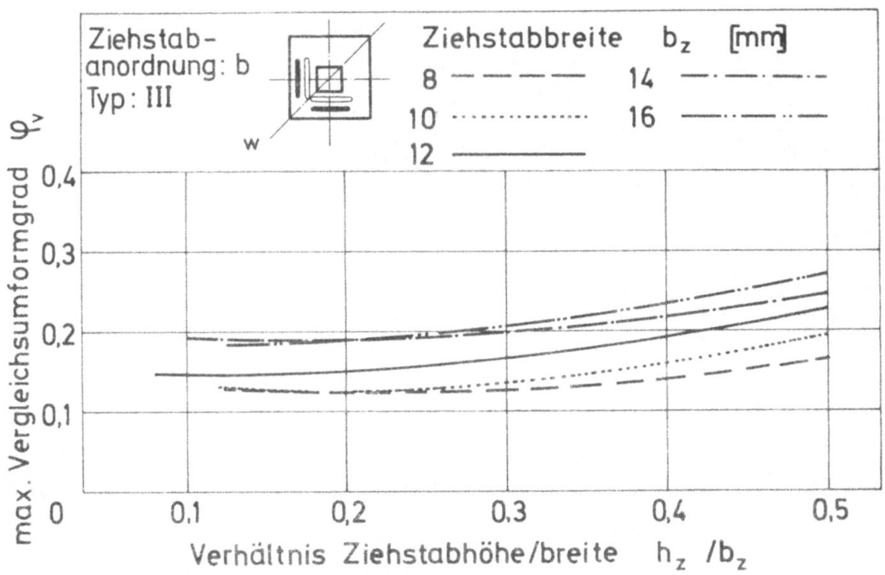

Bild 75: Verläufe der Vergleichsumformgrade über dem Verhältnis Ziehstabhöhe/-breite h_z/b_z für die fünf Ziehstabbreiten b_z bei der Anordnung b und Typ III.

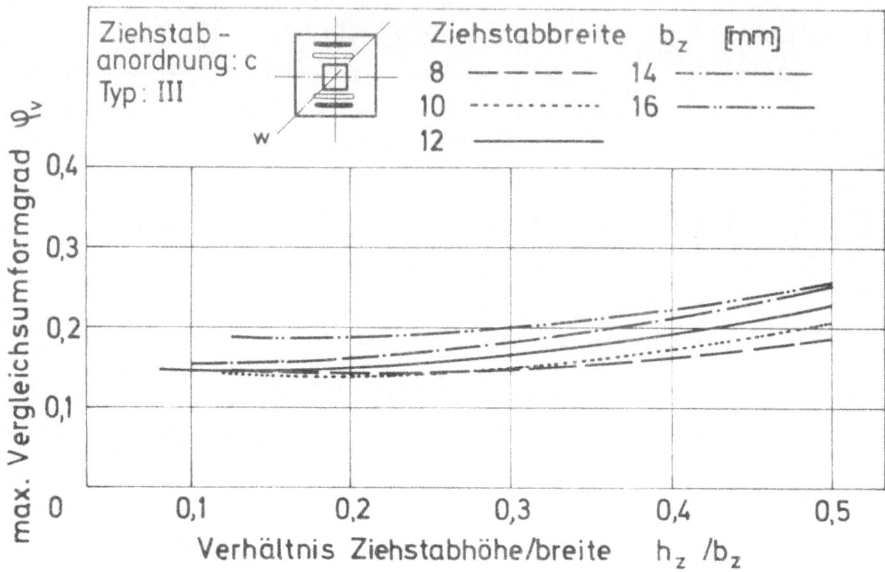

Bild 76: Verläufe der Vergleichsumformgrade über dem Verhältnis Ziehstabhöhe/-breite h_z/b_z für die fünf Ziehstabbreiten b_z bei der Anordnung c und Typ III.

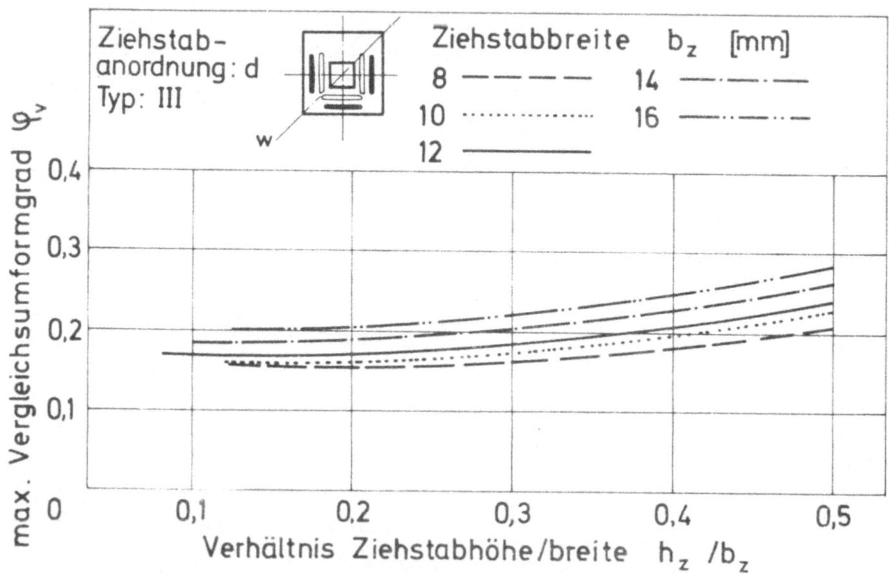

Bild 77: Verläufe der Vergleichsumformgrade über dem Verhältnis Ziehstabhöhe/-breite h_z/b_z für die fünf Ziehstabbreiten b_z bei der Anordnung d und Typ III.

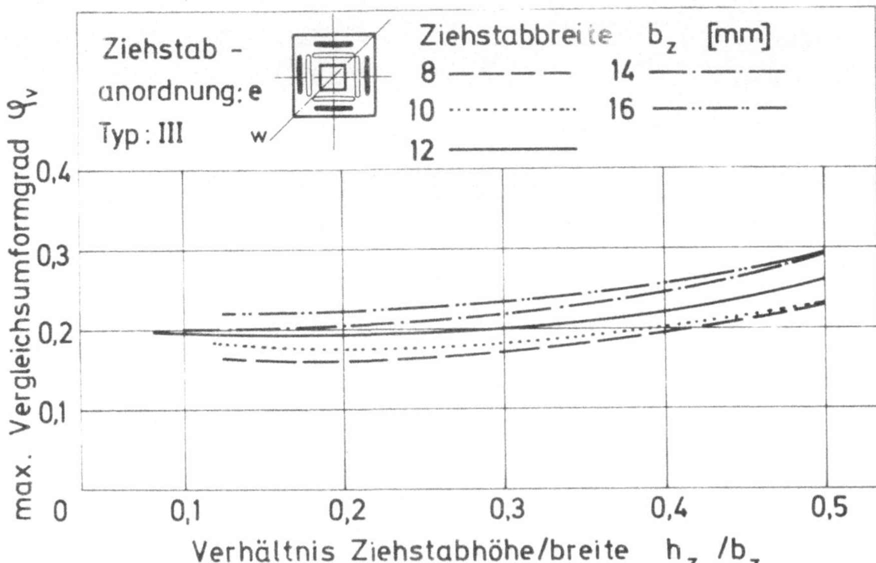

Bild 78: Verläufe der Vergleichsumformgrade über dem Verhältnis
Ziehstabhöhe/-breite h_z/b_z für die fünf Ziehstabbreiten
b_z bei der Anordnung e und Typ III.

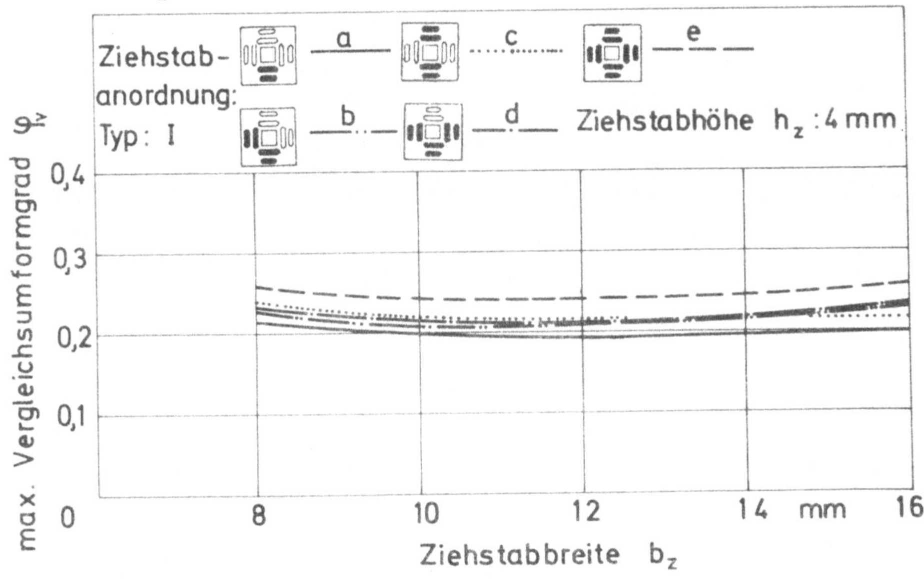

Bild 79: Verläufe der Vergleichsumformgrade über der Ziehstabbreite
b_z bei den fünf Anordnungen a bis e des Typs I.

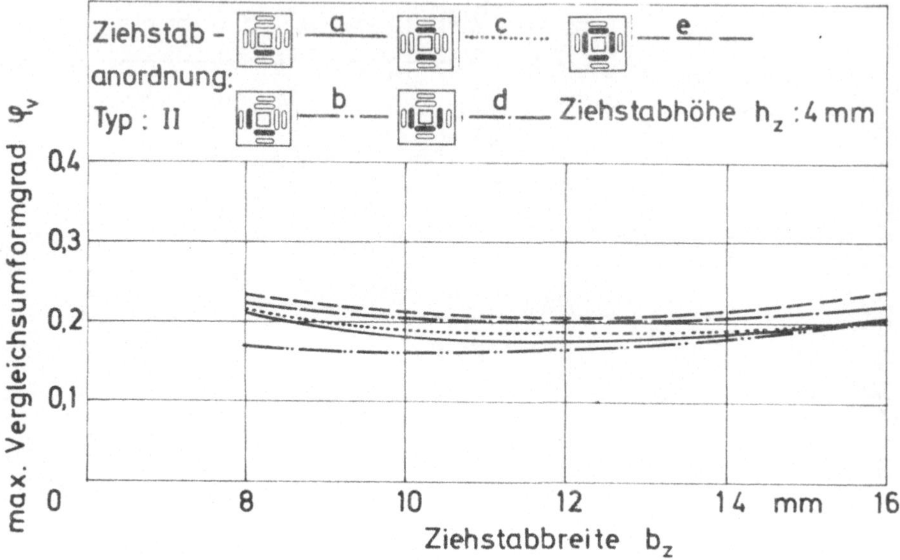

Bild 80: Verläufe der Vergleichsumformgrade über der Ziehstabbreite b$_z$ bei den fünf Anordnungen a bis e des Typs II.

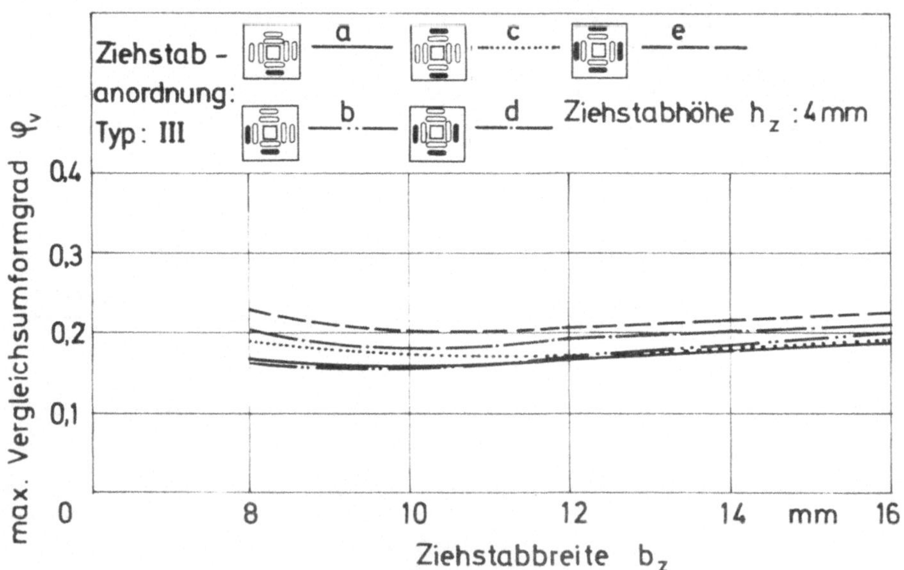

Bild 81: Verläufe der Vergleichsumformgrade über der Ziehstabbreite b$_z$ bei den fünf Anordnungen a bis e des Typs III.

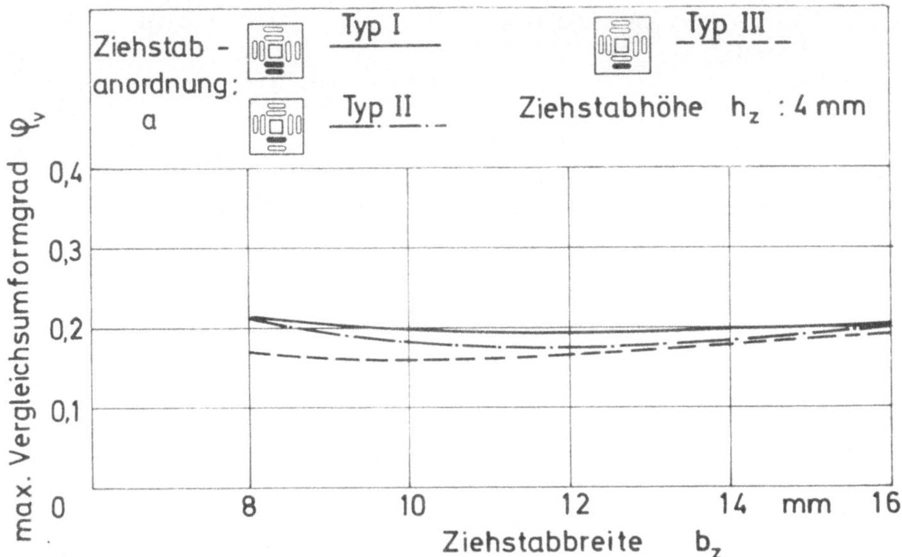

Bild 82: Verläufe der Vergleichsumformgrade über der Ziehstabbreite bei der Anordnung a der Typen I, II und III.

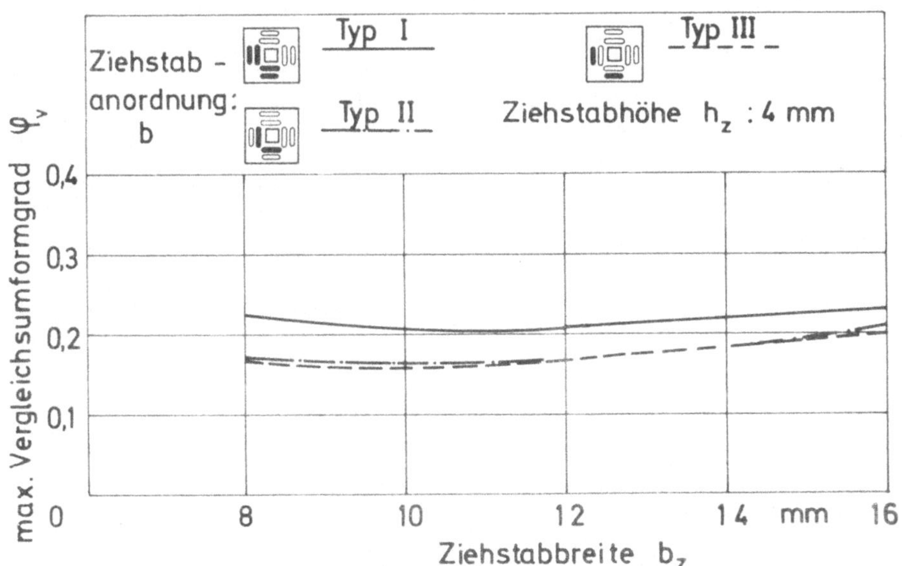

Bild 83: Verläufe der Vergleichsumformgrade über der Ziehstabbreite bei der Anordnung b der Typen I, II und III.

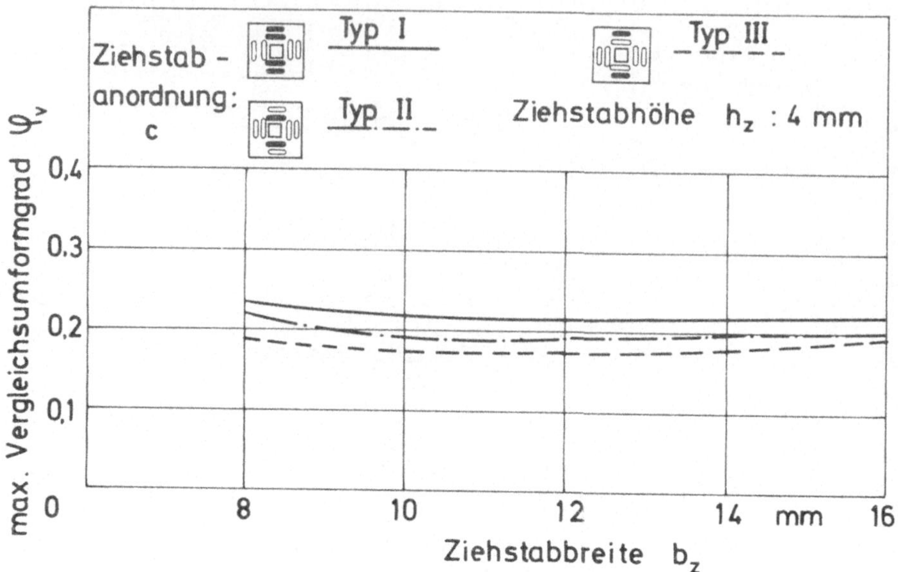

Bild 84: Verläufe der Vergleichsumformgrade über der Ziehstabbreite bei der Anordnung c der Typen I, II und III.

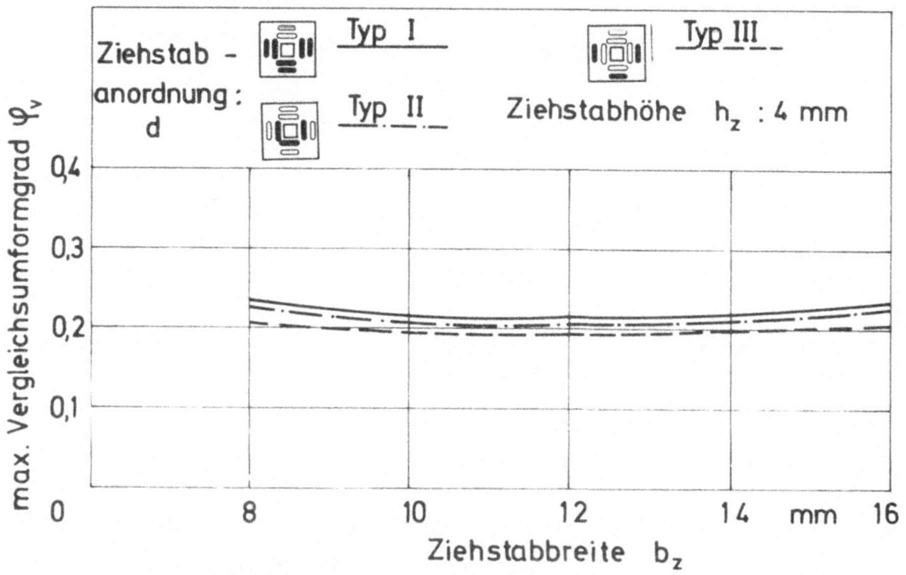

Bild 85: Verläufe der Vergleichsumformgrade über der Ziehstabbreite bei der Anordnung d der Typen I, II und III.

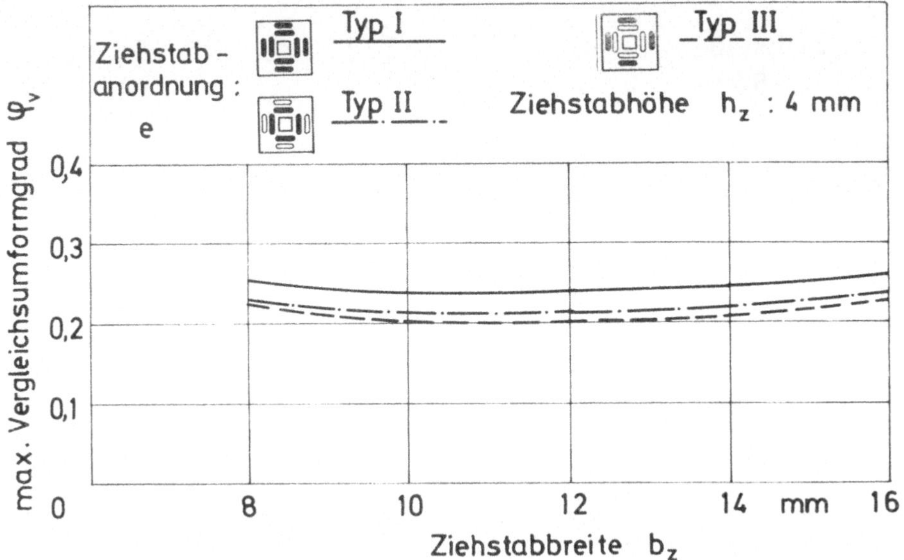

Bild 86: Verläufe der Vergleichsumformgrade über der Ziehstabbreite bei der Anordnung e der Typen I, II und III.

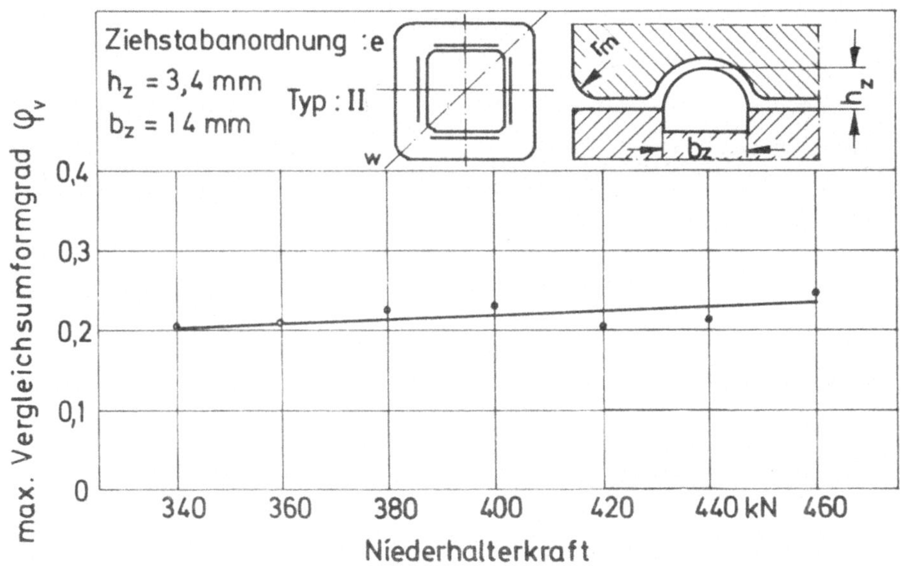

Bild 87: Verläufe der Vergleichsumformgrade über der Niederhalterkraft.

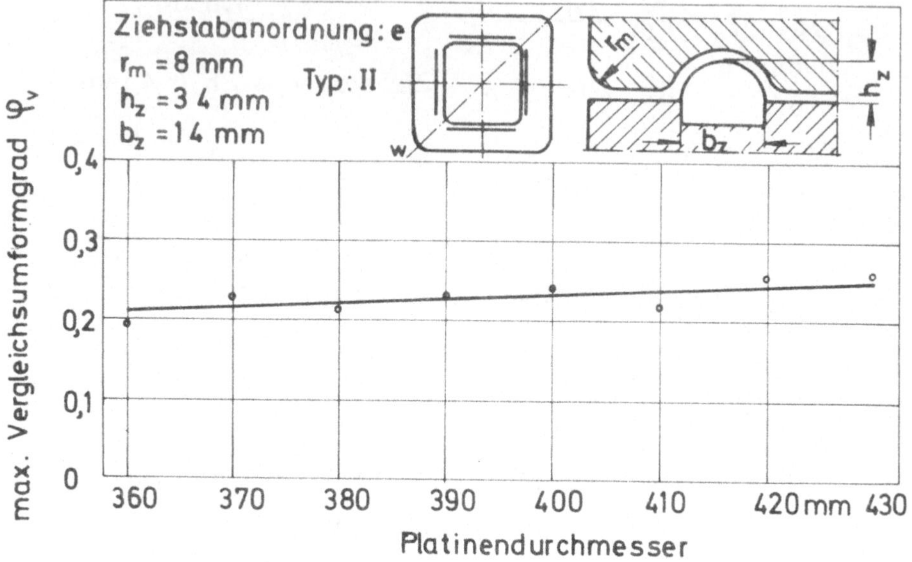

Bild 88: Verläufe der Vergleichsumformgrade über dem Platinendurchmesser.

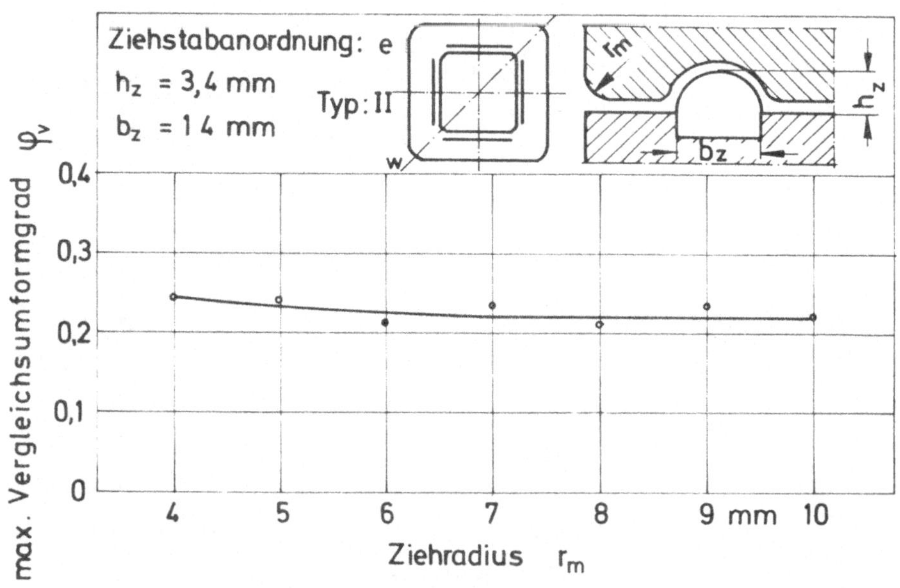

Bild 89: Verläufe der Vergleichsumformgrade über dem Ziehradius.

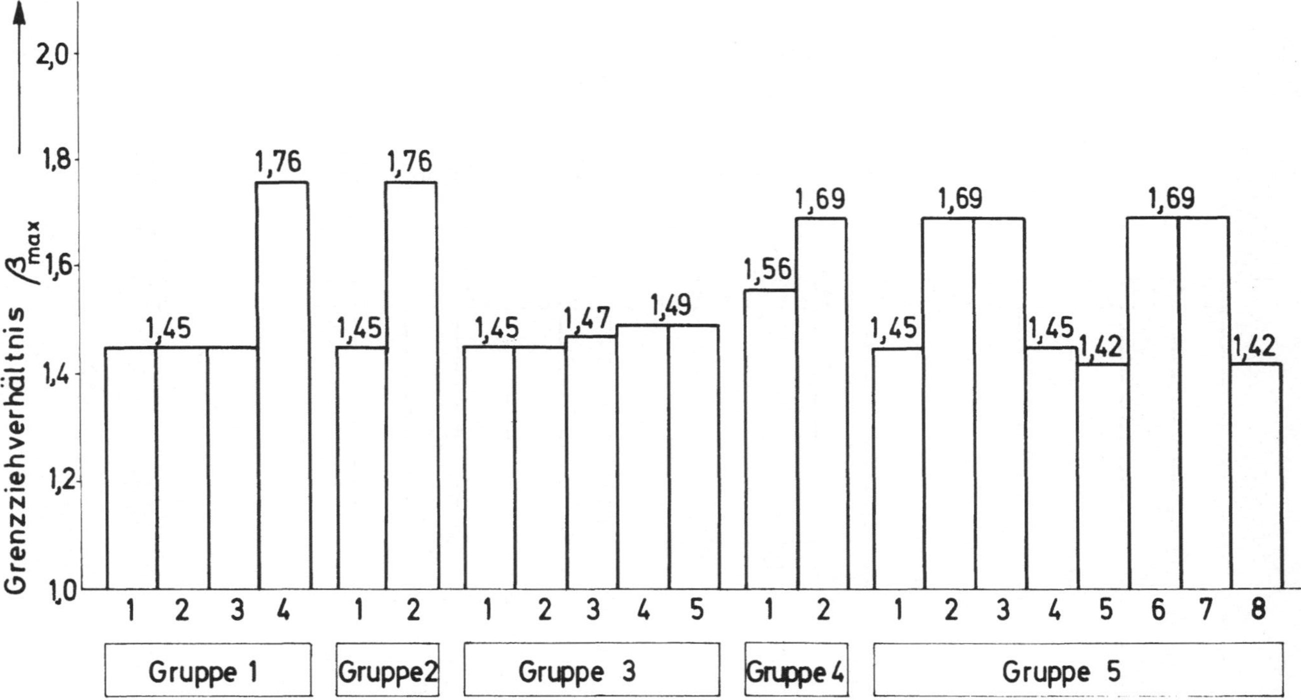

Bild 90: Einfluß des Schmierstoffs auf das Grenzziehverhältnis β_{max}.

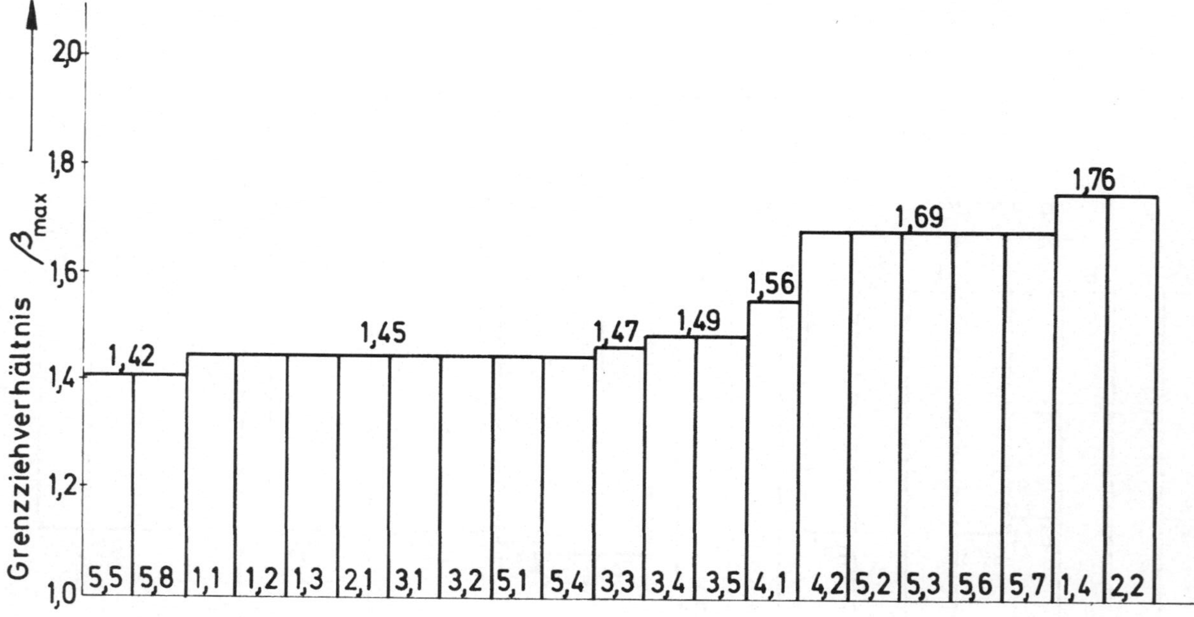

Bild 91: Einfluß des Schmierstoffs auf das Grenzziehverhältnis β_{max}.

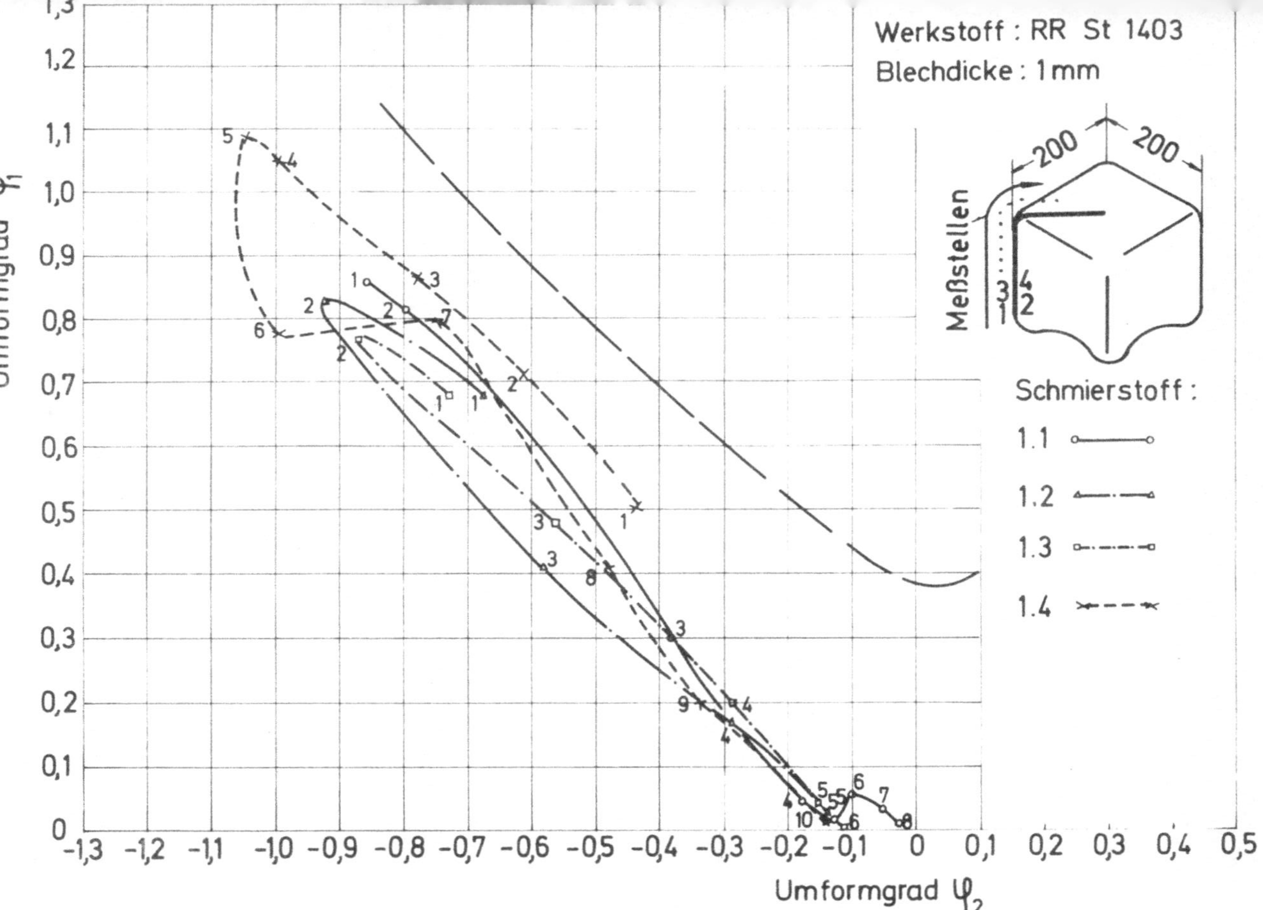

Bild 92: Einfluß des Schmierstoffs auf den Verlauf der Formänderungen φ_1 und φ_2 im Grenzformänderungsschaubild.

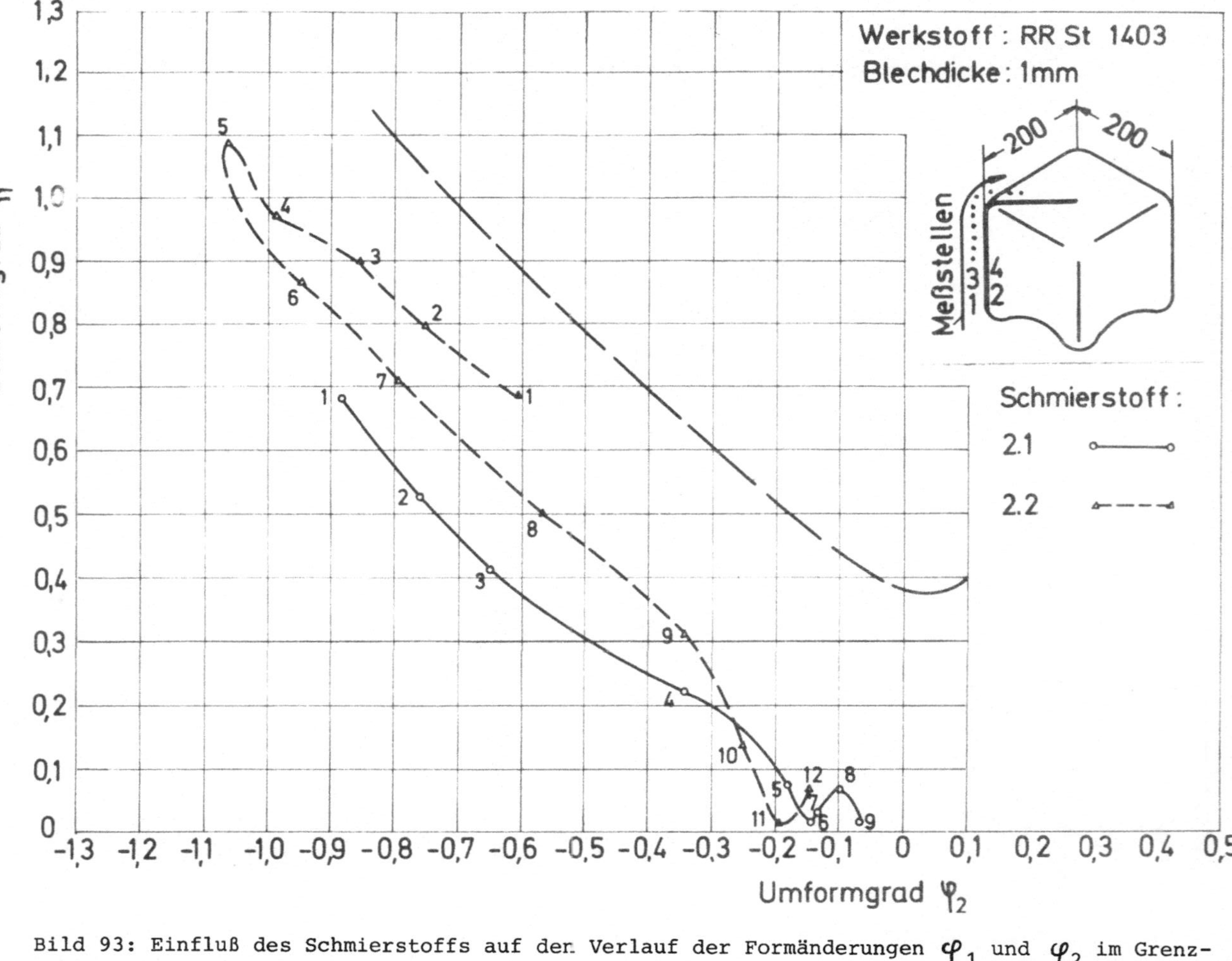

Bild 93: Einfluß des Schmierstoffs auf der Verlauf der Formänderungen φ_1 und φ_2 im Grenz-formänderungsschaubild.

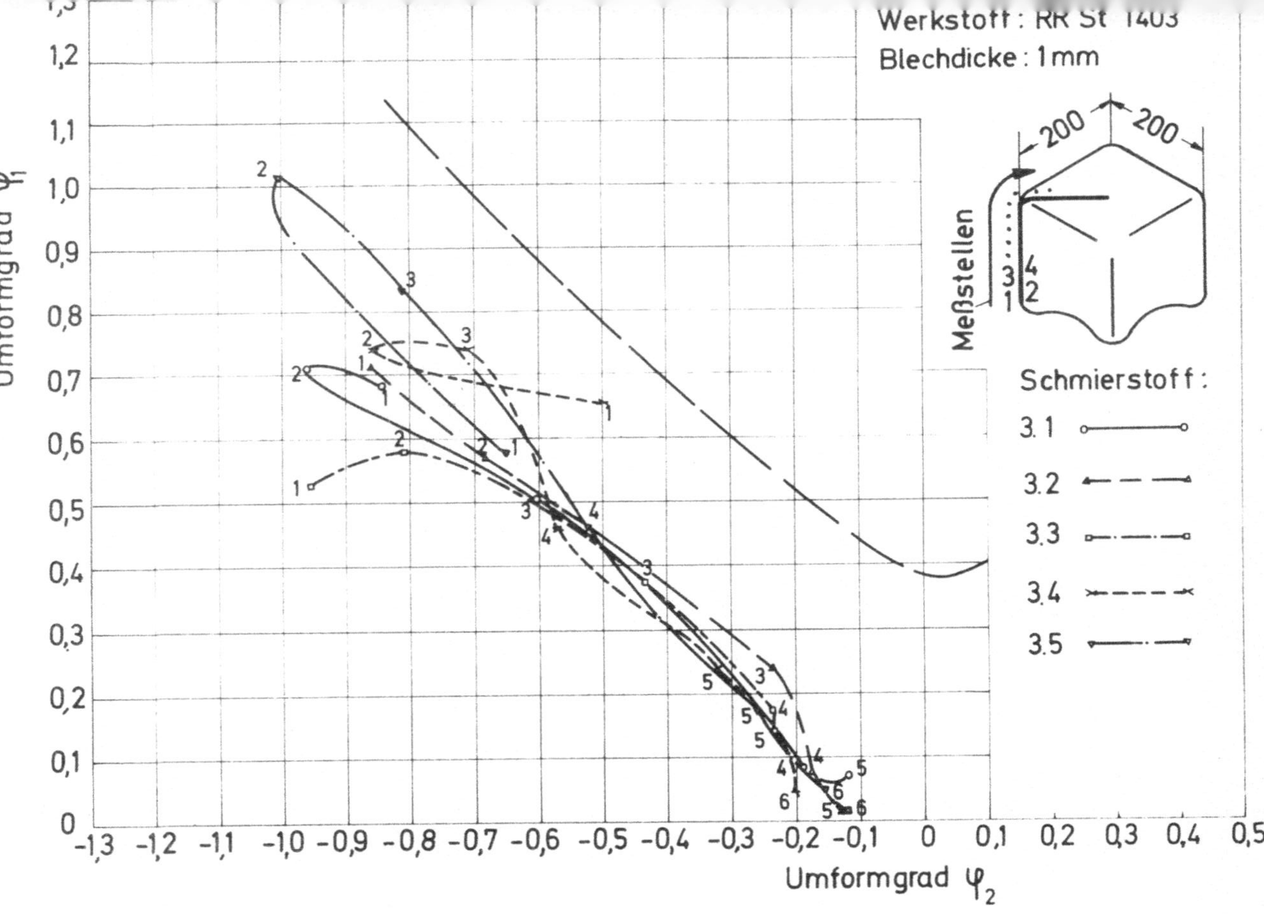

Bild 94: Einfluß des Schmierstoffs auf den Verlauf der Formänderungen φ_1 und φ_2 im Grenzformänderungsschaubild.

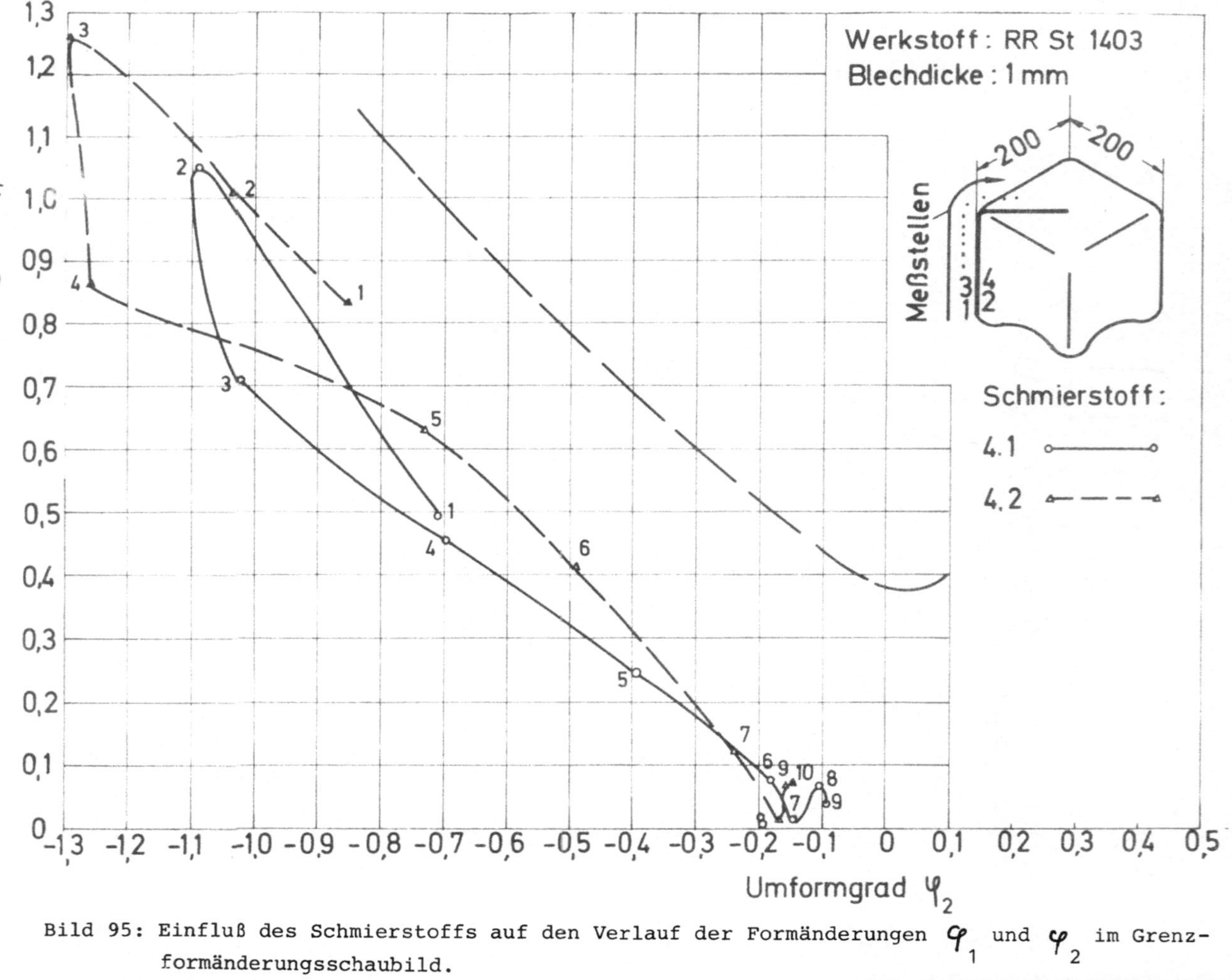

Bild 95: Einfluß des Schmierstoffs auf den Verlauf der Formänderungen φ_1 und φ_2 im Grenz-formänderungsschaubild.

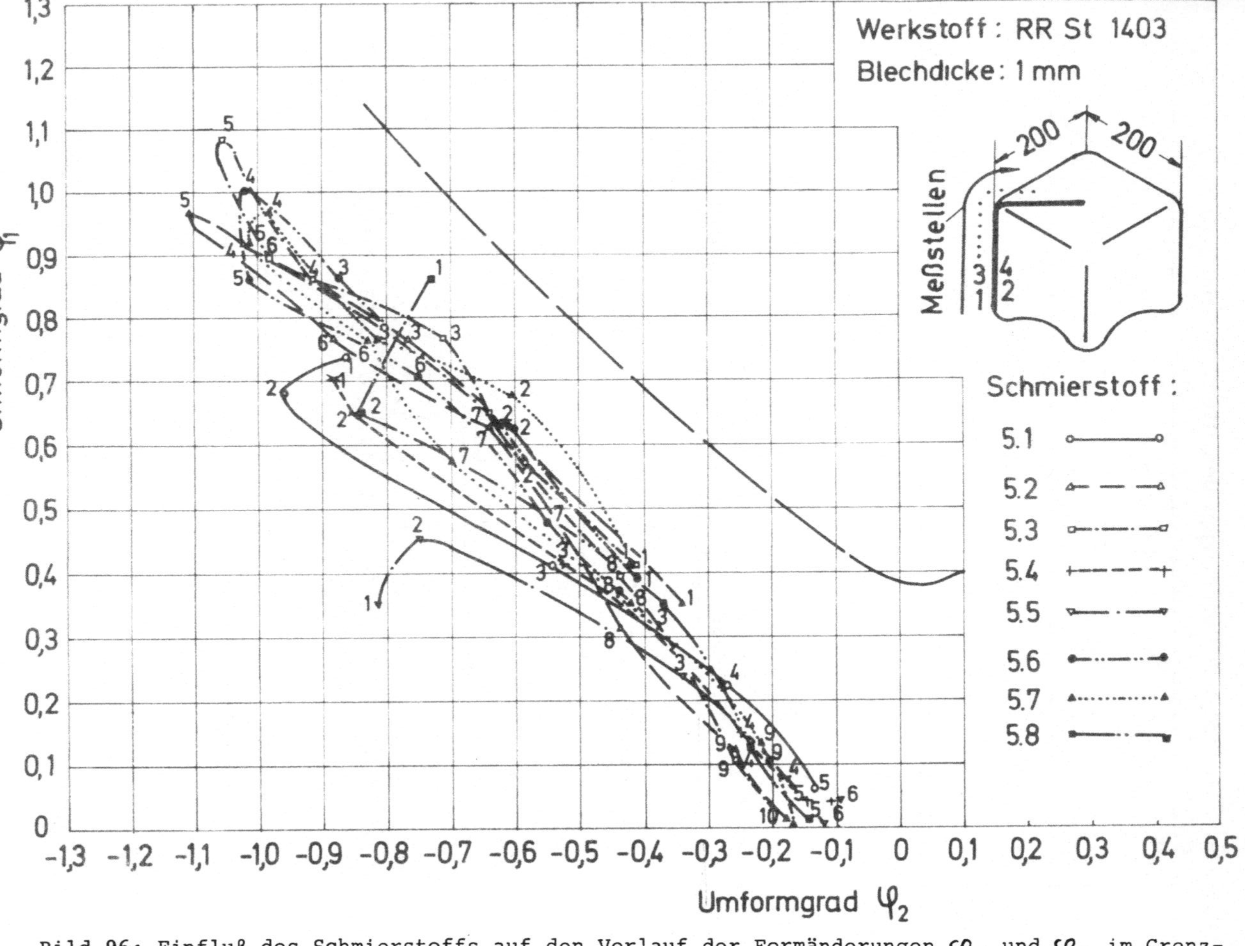

Bild 96: Einfluß des Schmierstoffs auf den Verlauf der Formänderungen φ_1 und φ_2 im Grenz-formänderungsschaubild.

Tabelle 1: Berechnete Spannungen des Gleitliniennetzes zu Bild 20.

	$\Delta\vartheta$ (Grad)	$\Delta\vartheta$ (rad)	σ_m	σ_r	σ_t
M	57,3	1,0	$-$ k	0	$-$ 2 k
F	0	0	k	2 k	0
1	15	0,262	0,476 k	1,476 k	$-$ 0,524 k
2	30	0,524	$-$ 0,048 k	0,952 k	$-$ 1,048 k
3	45	0,785	$-$ 0,570 k	0,430 k	$-$ 1,570 k
E	13	0,227	0,546 k	1,546 k	$-$ 0,454 k
4	11,25	0,196	0,608 k	1,608 k	$-$ 0,392 k
5	22,5	0,392	0,216 k	1,216 k	$-$ 0,784 k
6	33,75	0,588	$-$ 0,176 k	0,824 k	$-$ 1,176 k

Tabelle 2: Ziehstabhöhen h_z und Ziehstabhöhen/-breitenverhältnisse bei den fünf verschiedenen Ziehstabbreiten b_z.

Ziehstab- breite b_z mm	Ziehstabhöhen h_z mm				Ziehstabhöhen/-breiten- verhältnisse h_z/b_z			
8	1,0	2,0	3,0	4,0	0,125	0,225	0,38	0,50
10	1,2	2,4	3,6	5,0	0,12	0,24	0,36	0,50
12	1,0	2,7	4,5	6,0	0,08	0,23	0,38	0,50
14	1,4	3,4	5,2	7,0	0,10	0,24	0,37	0,50
16	1,9	4,0	6,0	8,0	0,12	0,25	0,38	0,50

Tabelle 3: Ziehstablängen l_{z1} und l_{z2} sowie Abstände zur Ziehkante a_1 und a_2 bei den fünf Ziehstabbreiten b_z.

Ziehstabbreite b_z mm	Abstand zur Ziehkante a_1 mm	a_2 mm	Ziestablänge l_{z1} mm	l_{z2} mm
8	21	51	138	148,5
10	21	51	138	148,5
12	21	51	138	148,5
14	24,5	59,5	135	147,5
16	28,5	68	132	146

Tabelle 4: Prozentuale Abweichungen der mittleren Stempelkraft ΔF_{St} zwischen den einzelnen Ziehstabanordnungen bei den Typen I bis III.

Abweichungen zwischen den Ziehstabanordnungen						
a bis b	b bis c	c bis d	d bis e		Typ	
7,5	2,7	3,5	13,4	%	I	
7,1	1,6	3,1	7,9	%	II	ΔF_{St}
3,3	5,6	- 2,8	8,0	%	III	

Tabelle 5 : Prozentualer Anstieg der mittleren Stempelkraft ΔF_{St} von der kleinsten zur größten Ziehstabhöhe bei den Anordnungen a bis e der Typen I bis III.

Ziehstabanordnung							
a	b	c	d	e		Typ	
2,3	6,1	5,3	12,3	24,8	%	I	
1,7	14,0	17,8	18,7	25,3	%	II	ΔF_{St}
10,5	8,6	21,9	10,8	14,6	%	III	

Tabelle 6 : Streubreite (in %) der bei den fünf verschiedenen Ziehstabbreiten aufgenommenen Verläufe der waagerechten Bremskraft ΔF_{Bw} bei den Ziehstabanordnungen a bis e der Typen I bis III.

Ziehstabanordnungen							
a	b	c	d	e		Typ	
39,9	35,2	42,2	41,8	33,9	%	I	
50,0	59,6	57,3	62,4	58,1	%	II	ΔF_{Bw}
39,6	39,8	42,4	41,2	41,2	%	III	

Tabelle 7 : Prozentuale Abweichungen der waagerechten Bremskraft ΔF_{Bw} zwischen den Ziehstabhöhen/-breitenverhältnissen von 0,125 bis 0,3 und 0,3 bis 0,5 bei den Ziehstabanordnungen a bis e der Typen I bis III.

Ziehstabhöhe -breite h_z/b_z	Ziehstabanordnung					Typ		
	a	b	c	d	e			
0,125 bis 0,3	-58,8	-31,3	-19,7	- 4,9	-15,3	%	I	
0,3 bis 0,5	+33,1	+53,0	+60,4	+56,2	+46,1			
0,125 bis 0,3	-48,3	-39,6	-18,4	-45,2	-39,4	%	II	ΔF_{Bw}
0,3 bis 0,5	+ 1,3	-33,5	+27,9	+18,2	+34,0			
0,125 bis 0,3	- 5,8	- 5,9	+ 2,2	-11,5	- 5,0	%	III	
0,3 bis 0,5	- 3,4	+ 2,2	+18,5	+15,3	+12,3			

Tabelle 8 : Streubreite ΔF_{Bs} der bei den fünf Ziehstabbreiten aufgenommenen Kurven der senkrechten Bremskraft für drei Ziehstabhöhen/-breitenverhältnisse bei den Anordnungen a bis e der Typen I bis III.

Ziehstabhöhe/ -breite h_z/b_z	Ziehstabanordnung					Typ		
	a	b	c	d	e			
0,125	29,7	26,4	29,3	24,5	24,9	%	I	
0,3	23,2	21,2	23,3	18,0	20,3			
0,5	13,6	12,1	16,4	14,6	11,8			
0,125	35,2	33,1	34,2	33,1	29,1	%	II	ΔF_{Bs}
0,3	28,4	29,5	27,0	29,1	26,3			
0,5	16,5	17,4	17,9	14,8	18,5			
0,125	33,8	28,5	36,6	31,4	30,6	%	III	
0,3	32,6	29,1	30,6	28,4	28,2			
0,5	32,4	33,8	26,2	28,5	31,4			

Tabelle 9 : Mittlere Absolutwerte der senkrechten Bremskraft F_{Bs} für drei Ziehstabhöhen/-breitenverhältnisse bei den Anordnungen a bis e der Typen I bis III.

Ziehstabhöhe/ -breite h_z/b_z	Ziehstabanordnung					Typ		
	a	b	c	d	e			
0,125	49,5	47,0	49,5	45,5	46,5			
0,3	69,7	62,7	68,2	54,3	58,3	kN	I	
0,5	90,8	81,0	100,0	70,7	70,7			
0,125	41,3	39,3	39,5	37,8	37,7			
0,3	54,7	52,0	53,7	47,0	47,5	kN	II	F_{Bs}
0,5	74,8	63,8	77,3	57,5	61,0			
0,125	39,7	40,7	39,5	40,0	38,8			
0,3	43,7	43,8	43,2	42,4	43,1	kN	III	
0-5	54,6	52,9	55,1	49,5	51,1			

Tabelle 10: Prozentualer Anstieg der senkrechten Bremskraft ΔF_{Bs} zwischen den Ziehstabhöhen/-breitenverhältnissen 0,125 bis 0,5 für die Anordnungen a bis e der Typen I bis III.

Ziehstabanordnung					Typ		
a	b	c	d	e			
58,9	53,1	67,6	43,3	41,5	%	I	
57,7	47,5	64,8	41,3	47,3	%	II	ΔF_{Bs}
31,7	26,1	33,0	21,2	27,3	%	III	

Tabelle 11: Prozentuale Abnahme der Stempelkraft ΔF_{St} zwischen den Ziehstabbreiten b_z = 8 mm und 16 mm bei den Anordnungen a bis e der Typen I bis III bei der Ziehstabhöhe h_z = 4 mm.

Ziehstabanordnung						Typ	
a	b	c	d	e			
-7,3	-5,8	-5,1	-16,6	-21,6	%	I	
-4,1	-8,9	-8,8	-23,6	-25,2	%	II	ΔF_{St}
-5,2	-10,5	-19,0	-17,4	-23,1	%	III	

Tabelle 12: Absolutwerte der waagerechten Bremskraft F_{Bw} bei der Ziehstabbreite b_z = 10 mm und der Ziehstabhöhe h_z = 4 mm für die Anordnungen a bis e der Typen I bis III.

Ziehstabanordnung						Typ	
a	b	c	d	e			
4,8	5,9	8,6	9,2	9,5	kN	I	
6,2	6,0	6,7	7,3	8,9	kN	II	F_{Bw}
7,8	8,3	8,3	8,5	8,7	kN	III	

Tabelle 13: Prozentuale Abnahme der waagerechten Bremskraft ΔF_{Bw} mit zunehmender Ziehstabbreite bei der Ziehstabhöhe von h_z = 4 mm für die Anordnungen a bis e der Typen I bis III.

Ziehstabanordnung						Typ	
a	b	c	d	e			
68,3	70,4	66,7	82,1	74,4	%	I	
81,1	80,6	80,0	71,7	88,4	%	II	ΔF_{Bw}
62,5	56,4	64,7	61,0	66,0	%	III	

Tabelle 14: Absolutwerte der senkrechten Bremskraft F_{Bs} bei einer Ziehstabbreite von b_z = 10 mm und einer Ziehstabhöhe von h_z = 4 mm für die Anordnungen a bis e der Typen I bis III.

Ziehstabanordnung						Typ	
a	b	c	d	e			
94,4	81,3	99,3	72,9	76,4	kN	I	
80,6	75,0	81,3	67,4	69,4	kN	II	F_{Bs}
62,9	65,0	62,2	59,7	63,9	kN	III	

Tabelle 15: Prozentuale Abnahme der senkrechten Bremskraft ΔF_{Bs} von der Ziehstabbreite b_z = 10 mm auf 16 mm bei der Ziehstabhöhe h_z = 4 mm für die Anordnungen a bis e der Typen I bis III.

Ziehstabanordnung						Typ	
a	b	c	d	e			
-56,6	-49,6	-63,6	-51,4	-52,7	%	I	
-67,2	-66,7	-63,3	-67,0	-65,0	%	II	ΔF_{Bs}
-69,1	-66,9	-68,8	-67,4	-73,9	%	III	

Tabelle 16: Prozentualer Anstieg der mittleren maximalen Vergleichsumformgrade von der kleinsten zur größten Ziehstabhöhe bei den Anordnungen a bis e der Typen I bis III.

Typ	Ziehstabanordnung					
	a	b	c	d	e	
I	33,7	29,6	32,7	21,2	29,6	$\Delta\varphi_{vmax}$ [%]
II	38,5	27,5	36,9	30,3	11,8	
III	43,9	40,8	43,9	40,0	34,2	

Tabelle 17: Prozentualer Anstieg und Abnahme der Vergleichsumformgrade $\Delta\varphi_{vmax}$ zwischen den Ziehstabbreiten b_z = 8 mm und 16 mm bei den Anordnungen a bis e der Typen I bis III bei der Ziehstabhöhe h_z = 4 mm.

	Ziehstabanordnung					Typ	Ziehstabbreite b_z
	a	b	c	d	e		
$\Delta\varphi_{vmax}$	-6,25	0	-8,45	0	0	I	
	-1,6	21,6	-4,6	-7,5	2,9	II	8 bis 16
	12,0	11,4	0	1,6	-2,9	III	[mm]

Tabelle 18: Prozentualer Anstieg und Abnahme der Vergleichsumformgrade $\Delta \varphi_{vmax}$ zwischen den Ziehstabbreiten b_z = 8 mm
und 10 mm, b_z = 10 mm und 12 mm, b_z = 12 mm und 14 mm,
b_z = 14 mm und 16 mm bei den Anordnungen a bis e der
Typen I bis III bei der Ziehstabhöhe h_z = 4 mm.

Ziehstabanordnung					Typ	Ziehstab-breite b_z	
a	b	c	d	e			
- 6,25	-7,4	- 7,0	-8,6	-6,4	I	8 und 10 mm	
-15,6	-5,9	-12,3	-7,5	-8,6	II		
- 6,0	-2,1	- 8,8	-11,5	-11,6	III		
- 3,3	0	-1,5	0	0	I	10 und 12 mm	
- 1,9	4,2	0	-3,2	-3,1	II		
6,4	8,5	-1,9	7,4	1,6	III		$\Delta\varphi_{vmax}$ [%]
1,7	3,2	0	3,1	1,4	I	12 und 14 mm	
5,7	8,0	0	3,3	3,2	II		
6,0	7,8	3,9	3,4	3,2	III		
1,7	6,2	0	6,1	4,1	I	14 und 16 mm	
14,3	14,8	8,8	6,4	12,5	II		
5,7	9,1	7,5	6,7	6,2	III		

Tabelle 19: Prozentualer Anstieg und Abnahme der Vergleichsumformgrade $\Delta\varphi_{vmax}$ zwischen den Ziehstabbreiten
b_z = 8 mm bis 16 mm bei den Typen I bis III der Anordnung a bis e bei der Ziehstabhöhe h_z = 4 mm.

Ziehstab-anordnung	Typ			Ziehstab-breite b_z	
	I	II	III		
a	-4,7	-6,25	11,8	8 bis 16	$\Delta\varphi_{vmax}$ [%]
b	3,0	21,2	20,0		
c	-4,3	-9,1	3,6		
d	-1,4	-1,5	0		
e	2,6	2,9	1,5		

Tabelle 20: Prozentualer Anstieg und Abnahme der Vergleichsumformgrade $\Delta\varphi_{vmax}$ zwischen den Ziehstabbreiten b_z = 8 mm
und 10 mm, b_z = 10 mm und 12 mm, b_z = 12 mm und 14 mm,
b_z = 14 mm und 16 mm bei den Typen I bis III der Anordnung a bis e bei der Ziehstabhöhe h_z = 4 mm.

Ziehstab-anordnung	Typ			Ziehstab-breite b_z	
	I	II	III		
a	-7,7	-14,1	-5,9		
b	-7,5	- 5,8	-6,0		
c	-5,7	-13,7	-7,1	8 und 10	
d	-8,5	- 8,8	-6,5	mm	
e	-6,6	- 7,2	-9,0		
a	-3,3	- 5,5	4,2		
b	0	2,0	6,4		
c	-1,5	1,7	0	10 und 12	
d	-1,5	0	-1,7	mm	
e	1,4	0	0		$\Delta\varphi_{vmax}$ [%]
a	3,4	5,8	6,0		
b	6,5	10,0	10,0		
c	1,5	1,7	1,9	12 und 14	
d	4,8	1,6	3,5	mm	
e	2,8	3,1	3,3		
a	3,3	9,1	7,5		
b	4,5	14,5	9,1		
c	1,5	1,7	9,4	14 und 16	
d	6,1	7,9	5,1	mm	
e	5,4	7,6	7,9		

Tabelle 21: Schmierstoffe (Metallgesellschaft AG, Frankfurt).

Gruppe 1	WASSERMISCHBARE SCHMIERSTOFFE	
Nr.	**Bezeichnung**	**Bemerkungen**
1.1	Bonderlube VP 3432	
1.2	Bonderlube VP 3619/1	
1.3	Bonderlube VP 3555/1	
1.4	Bonderlube VP 3608	
Gruppe 2	REAKTIONSSCHMIERMITTEL	
Nr.	**Bezeichnung**	**Bemerkungen**
2.1	Bonderlube RS 161	Saure Produkte auf Mineral-
2.2	Bonderlube RS 162	ölbasis
Gruppe 3	NEUTRALE ÖLE	
Nr.	**Bezeichnung**	**Bemerkungen**
3.1	Bonderlube VP 3599	
3.2	Bonderlube VP 3599/2	
3.3	Bonderlube VP 3662	Mineralöle mit EP-Zusätzen
3.4	Bonderlube VP 3662/2	
3.5	Bonderlube 142 K 1	
Gruppe 4	LÖSUNGSMITTELHALTIGE SCHMIERSTOFFE	
Nr.	**Bezeichnung**	**Bemerkungen**
4.1	Bonderlube VP 3640/1	flüssiger haftfester Film
4.2	Bonderlube VP 3708	griffester Film
Gruppe 5	PRODUKTE AUF CL- UND S-BASIS	
5.1	Bonderlube VP 3682/2	
5.2	Bonderlube VP 3675	
5.3	Bonderlube VP 3675/1	
5.4	Laborbezeichnung CHL-A	
5.5	Laborbezeichnung CHL-A	
5.6	Laborbezeichnung CHL-C	
5.7	Laborbezeichnung CHL-D	
5.8	Bonderlube 401	

Berichte aus dem Institut für Umformtechnik der Universität Stuttgart

Herausgeber Professor Dr.-Ing. Kurt Lange

1 **Untersuchung über den Einfluß der Belastungszeit auf die Streuung der Rückfederung von Biegeteilen**
Von Dipl.-Ing. Klaus Tafel. 70 Seiten Text u. 64 Seiten mit 49 Bildern u. 15 Tafeln. — Vergriffen

2/3 **Untersuchungen über das freie Napfen**
Von Dipl.-Ing. Gerhard Schmitt und Dipl.-Ing. Dieter Schmoeckel.
Untersuchungen über den Kraft- und Arbeitsbedarf sowie den Umformwirkungsgrad beim Vorwärts-Vollfließpressen von Stahl
Von Dipl.-Ing. Dieter Kast. 40 Seiten Text u. 43 Seiten mit 47 Bildern u. 5 Tafeln. — 28,— DM

4 **Untersuchungen über die Werkzeuggestaltung beim Vorwärts-Hohlfließpressen von Stahl und Nichteisenmetallen**
Von Dipl.-Ing. Dieter Schmoeckel. 72 Seiten Text u. 117 Seiten mit 179 Bildern. — 39,— DM

5 **Untersuchungen über das Stauchen und Zapfenpressen**
Von Dipl.-Ing. Märten Burgdorf. 126 Seiten Text u. 58 Seiten mit 138 Bildern u. 4 Tafeln. — 55,— DM

6 **Untersuchungen über die Streuung der Kräfte und Arbeiten beim Fließpressen in der laufenden Fertigung und den Einfluß der Phosphatschiohtdicke und des Schmiermittels**
Von Dipl.-Ing. Hans-Dietrich Witte. 38 Seiten Text u. 48 Seiten mit 49 Bildern. — 30,— DM

7 **Untersuchungen über das Rückwärts-Napffließpressen von Stahl bei Raumtemperatur**
Von Dipl.-Ing. Gerhard Schmitt. 132 Seiten Text u. 93 Seiten mit 130 Bildern u. 5 Tafeln. — 34,— DM

8 **Die Abbildegenauigkeit beim Biegen im 90°-V-Gesenk und ihre Beeinflussung durch Nachdrücken im Gesenk durch Nachdrücken im Gesenk**
Von Dipl.-Ing. Eckart Dannenmann. 50 Seiten Text u. 31 Seiten mit 28 Bildern u. 1 Tafel. — Vergriffen

9 **Untersuchungen über den Zusammenhang zwischen Vickershärte und Vergleichsformänderung bei Kaltumformvorgängen**
Von Dipl.-Ing. Hans Wilhelm. 50 Seiten Text u. 35 Seiten mit 37 Bildern u. 2 Tafeln. — Vergriffen

10 **Untersuchungen über das Abstreckziehen von zylindrischen Hohlkörpern bei Raumtemperatur**
Von Dipl.-Ing. Rolf K. Busch. 86 Seiten Text u. 92 Seiten mit 97 Bildern. — Vergriffen

11 **Vorgänge beim elektromagnetischen und elektrohydraulischen Umformen von metallischen Werkstücken**
Von Dipl.-Ing. Herbert Müller. 90 Seiten Text u. 110 Seiten mit 93 Bildern u. 10 Tafeln. — 22,— DM

12 **Ein Verfahren zur näherungsweisen Berechnung des Spannungs- und Formänderungszustandes beim Fließen starrplastischer Werkstoffe**
Von Dipl.-Ing. Gerhard Adler. 124 Seiten Text u. 76 Seiten mit 72 Bildern. — Vergriffen

13 **Modellgesetzmäßigkeiten beim Rückwärtsfließpressen geometrisch ähnlicher Näpfe**
Von Dipl.-Ing. Dieter Kast. 101 Seiten Text u. 73 Seiten mit 60 Bildern u. 6 Tafeln. — Vergriffen

14 **Untersuchungen über das Genauschneiden von Stahl und Nichteisenmetallen**
Von Dipl.-Ing. Wilfried Krämer. 96 Seiten Text u. 132 Seiten mit 128 Bildern u. 10 Tafeln. — Vergriffen

15 **Entwicklung und Erprobung eines Simulators zur reproduzierbaren Nachahmung der Kraft-Weg-Verläufe von Umformvorgängen**
Von Dipl.-Ing. Kurt Schmid. 88 Seiten Text u. 38 Seiten mit 35 Bildern u. 2 Tafeln. — 17,— DM

16 **Walzrichten von Metallbändern mit symmetrisch angestellter Fünf-Walzen-Richtmaschine**
Von Dipl.-Ing. Hans-Dietrich Witte. 108 Seiten Text u. 63 Seiten mit 60 Bildern u. 8 Tafeln. — 22,— DM

17/18 **Erzeugung räumlicher Blechgebilde mittels Flächenbiegung Konstruktion, Abwicklung und Herstellung von Schraubtorsen aus Blech**
Von Prof. Dr.-Ing. E. h. Dr. techn. h. c. Otto Kienzle.
120 Seiten Text u. 55 Seiten mit 86 Bildern u. 3 Tafeln. — 22,— DM

19 **Einfluß der Alterung auf die mechanischen Eigenschaften von Stählen zum Kaltfließpressen**
Von Dipl.-Ing. Vladimir Hasek, CSc. 43 Seiten Text u. 54 Seiten mit 50 Bildern u. 3 Tafeln. — 16,— DM

20 **Beitrag zur Frage der Spannungen, Formänderungen und Temperaturen beim axialsymmetrischen Strangpressen**
Von Dipl.-Ing. Rolf Dalheimer. 118 Seiten Text u. 76 Seiten mit 79 Bildern u. 3 Tafeln. — Vergriffen

21 **Über den Einfluß der Werkzeuggeschwindigkeit auf den Stauchvorgang**
Von Dipl.-Ing. H.-J. Metzler. 127 Seiten Text u. 100 Seiten mit 94 Bildern u. 6 Tafeln. — 25,— DM

22 **Numerische Behandlung von Verfahren der Umformtechnik**
Von Dr.-Ing. Elmar Steck. 67 Seiten Text u. 22 Seiten mit 43 Bildern. — 16,— DM

23 **Ein Verfahren zur näherungsweisen Berechnung der Wärmeentwicklung und der Temperaturverteilung beim Kaltstauchen von Metallen**
Von Dipl.-Ing. Walther Pohl. 78 Seiten Text u. 51 Seiten mit 61 Bildern u. 4 Tafeln. — 21,— DM

24 **Untersuchungen über das Drückwalzen zylindrischer Hohlkörper und Beitrag zur Berechnung der gedrückten Fläche und der Kräfte**
Von Dipl.-Ing. Hans-Jürgen Dreikandt. 161 Seiten Text u. 79 Seiten mit 73 Bildern u. 6 Tafeln. — Vergriffen

25 **Über den Formänderungs- und Spannungszustand beim Ziehen von großen unregelmäßigen Blechteilen**
Von Dipl.-Ing. Vladimir Hasek, CSc. 129 Seiten Text u. 106 Seiten mit 109 Bildern u. 9 Tafeln. — 35,— DM

26 **Über die Anisotropie des plastischen Verhaltens stranggepreßter Stäbe aus hexagonalen Metallen**
Von Dipl.-Ing. Günther Schröder. 129 Seiten Text u. 75 Seiten mit 97 Bildern u. 2 Tafeln. — Vergriffen

27 **Die Messung der mechanischen Kontaktspannung in der Wirkfuge Werkzeug — Werkstück bei Umformverfahren**
Von Dipl.-Ing. Fritz Dohmann. 99 Seiten Text u. 82 Seiten mit 93 Bildern u. 4 Tafeln. — Vergriffen

28 **Beitrag zur rechnerunterstützten Auslegung von Pressengestellen**
Von Dipl.-Ing. Manfred Geiger. 94 Seiten u. 56 Seiten mit 63 Bildern. — Vergriffen

29 **Untersuchungen über das Aufweittiefziehen**
Von P. S. Raghupathi, M. E. ISBN 3-7736-0780-6.
80 Seiten Text u. 54 Seiten mit 73 Bildern u. 2 Tafeln.
32,— DM

30 **Faltenbildung als Verfahrensgrenze beim Stauchen von Hohlkörpern**
Von Dipl.-Ing. Klaus Dieterle. ISBN 3-7736-0781-4.
55 Seiten Text u. 35 Seiten mit 43 Bildern u. 3 Tafeln.
28,— DM

31 **Beitrag zur Ermittlung von Fließkurven im kontinuierlichen hydraulischen Tiefungsversuch**
Von Dipl.-Ing. Franc Gologranc. ISBN 3-7736-0785-7.
125 Seiten Text u. 58 Seiten mit 95 Bildern u. 6 Tafeln.
Vergriffen

32 **Untersuchungen an Strangpreßmatrizen**
Von Dipl.-Ing. Klaus Gieselberg. ISBN 3-7736-0786-5.
101 Seiten Text u. 56 Seiten mit 69 Bildern.
45,— DM

33 **Beitrag zur Messung der Strangoberflächentemperatur beim Strangpressen**
Von Dipl.-Ing. Karl-Heinz Friedrich. ISBN 3-7736-0787-3.
83 Seiten Text u. 90 Seiten mit 84 Bildern u. 3 Tafeln.
48,— DM

34 **Über das Umformverhalten von Blechen aus Titan und Titanlegierungen**
Von Dipl.-Ing. Hans Wilhelm. ISBN 3-7736-0788-1.
107 Seiten Text u. 69 Seiten mit 76 Bildern u. 13 Tafeln.
48,— DM

35 **Untersuchung der magnetischen Induktion, Stromdichte und Kraftwirkung bei der Magnetumformung**
Von Dipl.-Ing. Volker Schmidt. ISBN 3-7736-0789-X.
60 Seiten Text u. 53 Seiten mit 84 Bildern.
21,— DM

36 **Der Stofffluß beim kombinierten Napffließpressen**
Von Dipl.-Ing. Rolf Geiger. ISBN 3-7736-0790-3.
111 Seiten Text u. 74 Seiten mit 80 Bildern u. 6 Tafeln.
Vergriffen

37 **Beitrag zum Verhalten superplastischer Werkstoffe beim Massivumformen**
Von Dipl.-Ing. Hans Schelosky. ISBN 3-7736-0791-1.
123 Seiten Text u. 61 Seiten mit 60 Bildern u. 4 Tafeln.
48,— DM

38 **Energieumsatz beim elektrohydraulischen Umformen**
Von Dipl.-Ing. Hans-Joachim Weckerle. ISBN 3-7736-0792-X.
103 Seiten Text u. 46 Seiten mit 56 Bildern.
45,— DM

39 **Elastische Wechselwirkungen an Gestell und Hauptgetriebe weggebundener Pressen**
Von Dipl.-Ing. Lutz Schemperg. ISBN 3-7736-0793-8.
91 Seiten Text u. 58 Seiten mit 65 Bildern u. 3 Tafeln.
45,— DM

40 **Über das plastische Verhalten von Sintermetallen bei Raumtemperatur**
Von Dipl.-Ing. Hartmut Höneß. ISBN 3-7736-0794-6.
84 Seiten Text u. 54 Seiten mit 67 Bildern u. 2 Tafeln.
45,— DM

41 **Untersuchungen zum Halbwarmfließpressen von Stahl**
Von Dr.-Ing. Rolf Geiger, Dipl.-Ing. Eckart Dannenmann und Dipl.-Ing. Jean Stefanakis.
ISBN 3-7736-0795-4. 50 Seiten Text u. 33 Seiten mit 34 Bildern u. 2 Tafeln.
Vergriffen

42 **Änderung der Werkstoffeigenschaften beim Ziehen von zylindrischen Hohlkörpern aus austenitischen und ferritischen nichtrostenden Stählen**
Von Dipl.-Ing. Rolf Zeller. ISBN 3-7736-0796-2.
80 Seiten Text u. 52 Seiten mit 34 Bildern u. 2 Tafeln.
38,— DM

43 **Untersuchungen über das Fließpressen superplastischer Werkstoffe**
Von Dr.-Ing. Hans Schelosky. ISBN 3-7736-0797-0.
36 Seiten Text u. 24 Seiten mit 26 Bildern u. 1 Tafel.
30,— DM

44 **Umformende Bearbeitung in flexiblen Fertigungssystemen**
Von Dipl.-Ing. Hartmut Kaiser. ISBN 3-7736-0798-9.
87 Seiten Text u. 24 Seiten mit 47 Bildern.
36,— DM

45 **Geometrische Eigenschaften tiefgezogener kreiszylindrischer Näpfe**
Von Dipl.-Ing. Dieter Schlosser. ISBN 3-7736-0799-7.
107 Seiten Text u. 64 Seiten mit 60 Bildern u. 9 Tafeln.
48,— DM

46 **Die Eigenschaften einer AlZnMgCu-Legierung nach ausgewählten Kombinationen von Wärmebehandlung und Kaltumformung**
Von Dipl.-Ing. Karl Hankele. ISBN 3-7736-0880-2.
86 Seiten Text u. 51 Seiten mit 52 Bildern u. 4 Tafeln.
45,— DM

47 **Kaltmassivumformen von Sintermetall**
Von Dipl.-Ing. Hans Dieter Schacher. ISBN 3-7736-0881-0.
84 Seiten Text u. 44 Seiten mit 47 Bildern u. 5 Tafeln.
42,— DM

48 **Rechnerunterstützte Arbeitsplanerstellung und Kostenrechnung beim Kaltmassivumformen von Stahl**
Von Dipl.-Ing. Peter Noack. ISBN 3-7736-0882-9.
216 Seiten Text u. 116 Seiten mit 134 Bildern u. 23 Tafeln.
65,— DM

49 **Beitrag zur beanspruchungsgerechten Auslegung von rotationssymmetrischen Fließpreßmatrizen**
Von Dipl.-Ing. Günther Krämer. ISBN 3-7736-0883-7.
94 Seiten Text u. 53 Seiten mit 56 Bildern.
48,— DM

50 **Erzeugung gratfreier Schnittflächen durch Aufteilen des Schneidvorgangs (Konterschneiden)**
Von Dipl.-Ing. Heinz Liebing. ISBN 3-7736-0884-5.
87 Seiten Text u. 51 Seiten mit 55 Bildern u. 4 Tafeln.
46,— DM

Die Berichte 1 bis 28 sind zu beziehen durch das Institut für Umformtechnik, Holzgartenstr. 17, 7000 Stuttgart 1
Die Berichte 29 bis 50 sind zu beziehen durch den Verlag W. Girardet, Postfach 9, 4300 Essen

51 **Berechnung der elastischen Eigenschaften von Baugruppen im Pressenbau**
Von Dipl.-Ing. Herbert Blum. ISBN 3-540-09804-6.
151 Seiten mit 55 Abbildungen.   48,— DM

52 **Untersuchung der Verfahrensgrenzen beim 180°-Biegen von Fein- und Mittelblechen**
Von Dipl.-Phys. Wolfgang Schaub. ISBN 3-540-09881-X.
65 Seiten mit 24 Abbildungen.   38,— DM

53 **Abstreckgleitziehen von nichtrostenden austenitischen Stählen**
Von Dipl.-Ing. Jobst-H. Kerspe. ISBN 3-540-09882-8.
109 Seiten mit 36 Abbildungen.   43,— DM

54 **Fließpressen von Stahl im Temperaturbereich 773 K (500 °C) bis 1073 K (800 °C)**
Von Dipl.-Ing. Ulrich Diether. ISBN 3-540-09959-X.
165 Seiten mit 80 Abbildungen.   48,— DM

55 **Die numerisch gesteuerte Radial-Umformmaschine und ihr Einsatz im Rahmen einer flexiblen Fertigung**
Von Dipl.-Ing. Peter Metzger. ISBN 3-540-10073-3.
158 Seiten mit 65 Abbildungen.   43,— DM

56 **Möglichkeiten zur Steuerung des Stoffflusses beim Ziehen großer unregelmäßiger Blechteile**
Von Dr.-Ing. Vladimir V. Hasek, CSc. ISBN 3-540-10074-1.
193 Seiten mit 96 Abbildungen.   48,— DM

Die Berichte 51 und folgende sind zu beziehen durch den Springer-Verlag, Berlin Heidelberg New York